LIWEHR'S DIAGRAMM-ATLAS FÜR KÄLTETECHNIKER

DIE RAUMKÜHLUNG

HERAUSGEGEBEN VOM

TECHNISCH-SPRACHWISSENSCHAFTLICHEN INSTITUT

WIEN

VERLAG VON R. OLDENBOURG
MÜNCHEN UND BERLIN 1932

Inhaltsverzeichnis.

Vorwort.

Es wäre nicht zeitgemäß, wenn ein Bankhaus seine Geschäftskorrespondenz, anstatt mit der Schreibmaschine, handschriftlich erledigen wollte; ebensowenig, wenn ein Warenhaus altertümliche Geldladen mit ehrsamen Papierstreifen daneben zum Aufschreiben der Geldeinnahmen, anstatt selbstregistrierender Kontrollkassen, verwenden würde. Und ebensowenig zeitgemäß ist es, wenn der Kühlanlagenkonstrukteur bei Projektierung von Kühlanlagen in altgewohnter, zeit- und geisteskraftverschwendender Weise in mühevoller Multiplikations- und Additionsarbeit die erforderliche Dimensionierung der einzelnen Bauteile errechnet.

Auch der konstruktiv und projektierend arbeitende Techniker muß endlich den Sinn der heutigen Zeit erfassen, mit seiner Zeit und seiner geistigen Spannkraft sparsam umgehen lernen und nicht mehr Arbeit leisten, als zur Erreichung eines bestimmten richtigen Endresultates erforderlich ist. Ebenso wie die Arbeit des Maschinenwärters nach Möglichkeit durch automatisch wirkende Maschinen auf ein Minimum herabgemindert wird, müssen Hilfsmittel geschaffen werden, welche die geistige Arbeit, soweit sie bloß geisttötende Arbeit ist, vereinfachen und mechanisieren.

Diesem Zwecke der Rationalisierung der Konstrukteur-, Projektanten- und Sachverständigentätigkeit soll der vorliegende Diagrammatlas dienen. Die regelmäßig wiederkehrenden Rechenoperationen des Kältetechnikers sind in den Diagrammen graphisch dargestellt und ermöglichen ohne jedwede Berechnung sofort jenes gesuchte Endresultat ablesen zu können, zu welchem man bisher erst nach oft stundenlangen Berechnungen gelangen konnte. Die Anwendung der graphischen Darstellung verhindert außerdem Rechenfehler, die selbst der geübteste Rechner leicht begeht.

Auch für den Verkaufsingenieur bilden diese graphischen Darstellungen eine wertvolle Hilfe. Er kann beim Kunden selbst den Bedarf an Bauteilen für die benötigte Kühlanlage in wenigen Minuten aus dem Diagrammatlas ablesen und ohne erst das Offertbüro seiner Firma in Anspruch nehmen zu müssen, sofort dem Käufer den Preis der gewünschten Kühlanlage zusammenstellen.

Den Darstellungen der Diagramme sind die wissenschaftlich anerkannten Grundsätze aus Göttsche-Pohlmann »Handbuch für Kältetechniker« zugrunde gelegt, die teilweise noch durch praktische Daten, die von den führenden kältetechnischen Erzeugerfirmen zur Verfügung gestellt wurden, ergänzt sind.

Der Verfasser wird Anregungen zur Vervollständigung der Arbeit aus dem Kreise der Benützer des Diagrammatlas gerne zugänglich sein und ersucht allfällige diesbezügliche Mitteilungen an die Adresse des Herausgebers richten zu wollen.

Im Jänner 1932.

Der Verfasser.

Gebrauchsanleitung für die Diagramme.

I. Die Ermittlung des Kältebedarfes.

Diese erfolgt aus den Diagrammen I bis III. Bei der Konstruktion dieser Diagramme wurde angenommen, daß die Isolation der Kühl- bzw. Gefrierräume derart bemessen wird, daß die in Kapitel 2 angegebenen Wärmedurchgangszahlen nicht überschritten werden, d. h. daß die Stärke der Isolation auf Grund der Diagramme IV und V bestimmt sind. Als Außentemperatur wurde die mittlere Temperatur der wärmsten Monate mit + 23° C angenommen, so daß die Diagramme für alle europäischen und nordamerikanischen Gegenden Geltung haben. — Es ist ferner Vollbelag angenommen, wobei vorausgesetzt wurde, daß die Belagmenge innerhalb 8 bis 10 Tagen laufend durch frische Kühlgüter ersetzt wird. Der Annahme der Einbringungstemperatur wurden die Produktionstemperaturen bei branchemäßig üblicher Behandlung der zu kühlenden Güter zugrunde gelegt, also z. B. wurde bei Fleisch angenommen, daß das schlachtwarme Fleisch zuerst in freier Luft auf + 30° C, sodann im Vorkühlraum auf + 15° C vorgekühlt und mit dieser Temperatur in die Kühlräume eingebracht wird. Die bezügliche richtige Behandlung der einzelnen Kühlgüter kann aus Göttsche-Pohlmann »Taschenbuch für Kältetechniker« entnommen werden. — Größere Kühlräume werden auf Grund der Grundfläche behandelt. Die gefundene Ziffer gibt den Maximalbedarf an kcal pro Tag an. Unter Vollbelag ist zu verstehen:

Bei Fleischkühlung pro m²
Grundfläche	150	bis	200 kg	Hammeln
	250	»	300 »	Schweine
			350 »	Rinder

beim Gefrierfleischlagerraum pro m² Grundfläche
1000 »	1200 »	Hammeln
1000 »	1300 »	Schweine
1200 »	1500 »	Rinder

bei Wildkühlung pro 1 m²
	100	Hasen
oder	20	Rehe
oder 7 »	10	Hirsche

bei Eierkühlung auf 1 m³
300 bis 360 Dutzend oder. 150 » 200 kg Eier
bei Butterkühlung pro 1 m²
16 bis 20 Faß à . . . . . 50 » 60 » Butter
bei Bierlagerkeller pro 1 m² 12 » 14 hl Bier.

Es gelten in Diagramm I die Kurven a bis e für folgende Kühlzwecke:

Kurve a:	Brauereilagerkeller . . .	von	0	bis	+ 1,5° C
	Eierkühlung.	»	— 0,5	»	+ 0,5° C
» b:	Brauereigärkeller. . . .	»	+ 3,5	»	+ 6° C
	Malztenne	»	+ 8	»	+10° »
	Milchkühlräume	»	+ 2	»	+ 4° »
	Käsekühlräume	»	+ 2	»	+ 4° »
	Obstkühlräume	»	+ 1	»	+ 2° »
	Bieraufbewahrungsräume	»	+ 4	»	+ 5° »
	Weinaufbewahrungsräume	»	+ 6	»	+10° »
» c:	Fleischereivorräume . .	»	+ 6	»	+ 8° »
	Pökelräume	»	+ 6	»	+ 8° »
	Butterkühlräume . . .	»	— 4	»	— 6° »
	Gefrierfleischlagerräume	»	— 2	»	0° »

Kurve d:	Fleischkühlräume . . .	von	± 2	bis	+ 4° C
	Fischkühlräume	»	0	»	+ 2° »
» e:	Gefrierräume für Fleisch, Wild und Geflügel .	»	—10	»	— 8° »
	Gefrierräume für Fische	»	—12	»	—10° »

Man bestimmt die erforderliche Kompressorleistung wie folgt:

Erforderliche Leistung des Kompressors pro Stunde in kcal

$$= \frac{\text{Kältebedarf in kcal pro Tag}}{\text{gewünschte Betriebszeit des Kompressors pro Tag in h.}}$$

Das Diagramm II ermöglicht die Ermittlung des Kältebedarfes unter Zugrundelegung des Rauminhaltes des Kühlraumes. Dies wird bei abnormaler Höhe des Kühlraumes zu empfehlen sein. Die Kurve I gilt für Kühlräume, in welchen eine Temperatur von + 2 bis + 4° C erhalten werden soll, und die Kurve II für Kühlräume für eine Temperatur von + 6 bis + 8° C Kühlraumtemperatur.

Die Konstruktion dieser Kurven in Diagramm I und II erfolgte unter Zugrundelegung der Kältebedarfsangaben aus Pohlmann-Göttsche »Taschenbuch für Kältetechniker«, 9. Auflage.

Das Diagramm III gibt die Daten für Kühlschränke und kleinere Kühlräume an, die für gemischtes Kühlgut bestimmt sind, also Kühlschränke und Kühlräume für den Haushalt und für Lebensmittelhandlungen. Das Diagramm gibt die erforderliche Kompressorleistung bei einer täglichen Betriebszeit des Kompressors von 10 bis 11 h an, wobei das oftmalige Öffnen, entsprechend dem angegebenen Gebrauchszweck, entsprechende Berücksichtigung fand. In diesem Diagramm ist auch die erforderliche Größe des Antriebsmotors für Schwefligsäure-, Chloräthyl- und Chlormethylanlagen ersichtlich.

Das strichliert eingezeichnete Beispiel erläutert die Benützung des Diagramms. Ein Kühlraum mit 8,5 m³ Nutzinhalt erfordert einen Kompressor mit einer Stundenleistung von 1200 kcal und einem Antriebsmotor von 1,23 PS, wenn der Kondensator mit Luft, bzw. von 1,04 PS, wenn der Kondensator mit Wasser gekühlt wird, wobei die Kühlwassertemperatur + 10° C im Zulauf zu betragen hat.

II. Die Bestimmung der Isolationsstärke.

Diese erfolgt aus den Diagrammen IV und V. Es soll die Wärmedurchgangszahl k in kcal pro m² und h und ° C Temperaturdifferenz zwischen Kühlraum und angrenzendem Raume nicht größer sein als

$k = 0,2$ kcal/m²/h/° C für Außenwände von Gefrierräumen

$k = 0,3$ kcal/m²/h/° C für Außenwände von Kühlräumen oder Zwischenwände von Gefrierräumen

$k = 0,4$ kcal/m²/h/° C für Außenwände von Vorräumen.

Dieser Bedingung entsprechend bedeuten die Linien a bis f im Diagramm IV:

Linie a: Außenwände von Gefrierräumen — Außenmauer

Linie *b*: Außenwände von Gefrierräumen — Innenmauer

» *c*: Außenwände von Kühlräumen — Außenmauer

» *d*: Außenwände von Kühlräumen — Innenmauer oder Zwischenwände von Gefrierräumen

» *e*: Außenwände von Vorräumen — Außenmauer

» *f*: Außenwände von Vorräumen — Innenmauer.

Man ermittelt aus der vorhandenen Mauerstärke die erforderliche Stärke der Korkisolation.

Diagramm V dient zur Ermittlung der Stärke der Korkisolation für Wände mit beiderseitigem Putzbelag, beiderseitiger Holzverschalung oder Putz, bzw. Holz auf einer und Eisen auf der anderen Seite der Isolation, wie letzteres insbesondere für die Behälter von Verdampfern bei Kühlung mit zirkulierender Sole oder bei der Kunsteiserzeugung üblich ist.

Strichliertes Beispiel: Bei Ausbildung der Wand nach Kurve *e*, das ist mit beiderseitiger Holzschalung von ³/₄″ englisch, benötigt man, wenn die Wand als Außenwand eines Kühlraumes dienen soll, eine Isolation von 13,5 cm Stärke; soll diese Wand als Zwischenwand von Kühlräumen dienen, so benötigt man eine Stärke der Korkisolation von 6,9 cm.

Dieses Diagramm eignet sich auch zur Ermittlung der Strahlungsverluste, das ist jener Verluste, die bei einer bestehenden Isolation pro 1 m²/h/°C in kcal verlorengehen.

III. Kompressorkraftverbrauch, Kompressorleistungsminderung und Kondensatorwasserverbrauch.

Die Leistungsdaten werden bei Kompressoren handelsüblich immer unter der Voraussetzung eines Kühlwassers von + 10° C Zulauftemperatur angegeben.

Diagramm VI gibt den Wasserbedarf an Kühlwasser pro 1000 kcal und h in m³ an, wobei unter Anwärmung die Temperaturdifferenz zwischen Wasserzulauf und -ablauf beim Kondensator zu verstehen ist, und zwar gilt das Diagramm für Gegenstromkondensatoren.

Diagramm VII gibt den Kühlwassermehrverbrauch in m³ bei höherer Kühlwasserzulauftemperatur an. Wenn also bei + 10grädigem Kühlwasser eine Wassermenge von 1 m³/h erforderlich ist, so ist z. B. bei + 15grädigem Kühlwasser im Zulaufe 1,2 m³ Kühlwasser pro h erforderlich.

Diagramm VIII gibt den Kraftmehrverbrauch des Kompressors bei wärmerem als + 10grädigem Kühlwasser an. Benötigt man z. B. bei + 10grädigem Kühlwasser 1 PS, so benötigt man bei + 20grädigem Kühlwasser 1,43 PS für den Antriebsmotor.

Diagramm IX zeigt die Leistungsminderung der Kühlanlage bei wärmerem Kühlwasser an. Leistet ein Kompressor bei + 10grädigem Kühlwasser z. B. 1000 kcal/h, so leistet derselbe bei + 25grädigem Kühlwasser bloß 750 kcal/h.

IV. Kondensatoren. — Tauchkondensatoren, Doppelrohrgegenstromkondensatoren, Berieselungskondensatoren.

Das Diagramm X gibt die erforderliche Wärmeaustauschfläche für Tauchkondensatoren und Doppelrohrgegenstromkondensatoren an. Zu diesem Diagramm gehört das Rohrdiagramm XI. Das Diagramm X gibt die erforderliche Kondensatorgröße für Ammoniak-, Schwefligsäure-, Chlormethyl- und Chloräthylanlagen an. Für Kohlensäureanlagen ist die erforderliche Wärmeaustauschfläche um 10% größer zu wählen.

Von Diagrammen für Berieselungs- und sonstige Kondensatoren wurde im Rahmen dieser Arbeit Abstand genommen, weil die Bauart derselben zu verschiedenartig ist,

als daß sich für alle handelsüblichen Typen graphische Ermittlungsdaten in einem Diagramm in übersichtlicher Weise vereinigen ließen.

V. Rohrleitungen zwischen Kompressor, Kondensator und den Kühlsystemen. Dimensionierung derselben.

Im Diagramm XII bedeutet:

Kurve *a*: die Leitungen vom Kompressor zum Kondensator und die Leitungen von den Kühlsystemen zurück zum Kompressor, also die Saugleitungen, wie dieselben üblich sind;

» *a′*: dieselben Leitungen, wie sie theoretisch richtige Mindestdimensionen haben müßten;

» *b*: die Leitungen vom Kondensator bis zu den Kühlsystemen, wie sie üblicherweise dimensioniert werden;

» *b′*: dieselben Leitungen, vom Kondensator zu den Kühlsystemen und zwar deren theoretisch noch zulässige Mindestdimensionen.

VI. Kühlung mit Solekreislauf.

a) Verdampfer.

Tauchverdampfer, Steilrohrverdampfer, Doppelrohrintensivverdampfer.

Aus dem Diagramm XIII ist die erforderliche Kühlfläche für Tauchverdampfer, Steilrohrverdampfer, sowie für Doppelrohrintensivverdampfer zu entnehmen.

Die Diagrammlinie für den Tauchverdampfer wurde für eine Temperaturdifferenz zwischen Verdampfungstemperatur und Soletemperatur von 5° C ermittelt. Dies entspricht den normalen Bedingungen, bei welchen mit —10° C verdampft wird und die Sole eine Temperatur von —5 C erhält.

Beim Steilrohrverdampfer sind zwei Diagrammlinien gezeichnet, und zwar eine für eine Temperaturdifferenz von 5° C und eine zweite für eine Temperaturdifferenz von 7° C zwischen Verdampfungstemperatur und Soletemperatur.

Beim Doppelrohrintensivverdampfer ist zu beachten, ob Sole und Kältemittel derart geführt sind, daß innere und äußere Rohrfläche ausgenutzt werden, oder ob die Medienführung eine solche ist, daß bloß die innere Rohrfläche als Kühlfläche ausgenutzt ist. Neben dem Diagramm ist das Leitungsschema für beide Arten dargestellt. Dementsprechend finden sich im Diagramm getrennt voneinander die erforderlichen Kurven für die Wärmeübertragung der inneren und für die Wärmeübertragung der äußeren Rohrflächen. Auch hier sind wieder je zwei Diagrammlinien, und zwar für 5 und 7° C Temperaturdifferenz zwischen Verdampfungstemperatur und Soletemperatur eingezeichnet.

Allen Linien dieses Diagramms liegt die Annahme zugrunde, daß zwischen Soleeintritt und Soleaustritt in den Verdampfer eine Differenz von 3° C besteht. Also bei der Diagrammlinie des Tauchverdampfers folgende Voraussetzungen:

Verdampfung	—10° C
Verflüssigung	+ 24° C
Kühlwasserzulauf	+ 10° C
Kühlwasserablauf	+ 20° C
Soleeintritt in den Verdampfer	— 2° C
Soleaustritt aus dem Verdampfer	— 5° C.

Beim Steilrohrverdampfer ist mit einer Geschwindigkeit der Sole im Verdampferbehälter von 0,3 m/s gerechnet.

Beim Doppelstromintensivverdampfer wurde mit einer Solegeschwindigkeit von 0,75 m/s in den Rohren gerechnet.

Sämtliche aus dem Diagramm erhaltenen Ziffern für die erforderliche Kühlfläche gelten für Ammoniak, schweflige Säure, Methylchlorid und Äthylchlorid. Bei Kohlensäure ist die Fläche um 10% größer zu wählen.

In Diagramm XIII bedeutet:

a = Doppelrohrintensivverdampfer, äußere Oberfläche bei 5° C Temperaturdifferenz zwischen Verdampfungstemperatur und Soletemperatur,

b = Doppelrohrintensivverdampfer, äußere Oberfläche bei 7° C Temperaturdifferenz zwischen Verdampfungstemperatur und Soletemperatur,

c = Doppelrohrintensivverdampfer, innere Oberfläche bei 5° C Temperaturdifferenz zwischen Verdampfungstemperatur und Soletemperatur,

d = Doppelrohrintensivverdampfer, innere Oberfläche bei 7° C Temperaturdifferenz zwischen Verdampfungstemperatur und Soletemperatur,

e = Tauchverdampfer bei 5° C Temperaturdifferenz zwischen Verdampfungstemperatur und Soletemperatur,

f = Steilrohrverdampfer bei 5° C Temperaturdifferenz zwischen Verdampfungstemperatur und Soletemperatur,

g = Steilrohrverdampfer bei 7° C Temperaturdifferenz zwischen Verdampfungstemperatur und Soletemperatur.

Strichlierte Beispiele:

Tauchverdampfer: Ein Tauchverdampfer für eine Leistung von 60000 kcal/h erfordert z. B. für Ammoniak 54 m² Kühlfläche. Aus dem Diagramm XI kann entnommen werden, wieviel Meter eines bestimmten Rohres erforderlich sind. Üblich sind Rohre für Ammoniak mit 30/38, für Kohlensäure mit 26/36 und für schweflige Säure mit 40/46 mm Dmr.

Steilrohrverdampfer: Ein Steilrohrverdampfer benötigt für 60000 kcal Stundenleistung bei 5° Temperaturdifferenz 20 m² und bei 7° Temperaturdifferenz 15 m² Wärmeaustauschfläche. Das Rohrdiagramm XI gibt wieder die erforderliche Anzahl laufender Meter der Rohre der einzelnen Durchmesser an. Damit man den richtigen Durchmesser für die Rohre wählen kann, bestimmt man aus Diagramm XIV die stündlich erforderliche Solemenge und aus Diagramm XV auf Grund der so ermittelten Solemenge und der gewünschten Solegeschwindigkeit von 0,3 m/s den richtigen Durchmesser.

Doppelrohrintensivverdampfer: Bei Ausnützung von lediglich der inneren Rohroberfläche benötigt ein Verdampfer für 60000 kcal Stundenleistung bei 5° Temperaturdifferenz 24 m² und bei 7° Temperaturdifferenz 17 m² Kühlfläche. Würde auch die äußere Rohroberfläche ausgenutzt werden, so würde diese, wenn sie beispielsweise 30 m² ausmachen würde, bei 5° Temperaturdifferenz eine zusätzliche Leistung von 30000 kcal (innere und äußere Oberfläche mithin zusammen 60000 + 30000 = 90000 kcal) oder bei 7° Temperaturdifferenz eine zusätzliche Leistung von 42000 kcal (innere und äußere Oberfläche mithin zusammen 60000 + 42000 = 102000 kcal) ergeben. Die Rohroberflächen ersieht man aus dem Rohrdiagramm XI. Die richtige Bemessung der Durchmesser ergibt sich auf Grund der festgestellten Solemenge pro Stunde und der erforderlichen Solegeschwindigkeit von 0,75 m/s aus Diagramm XV. Hat man die Solegeschwindigkeit im äußeren Rohre zur Grundlage zu nehmen, so muß an Stelle von Rohrdurchmesser der Durchgangsquerschnitt des Mantelrohres genommen werden. Würden z. B. pro Stunde 10 m³ Sole erforderlich sein, so würde das einem Rohre von ca. 70 mm innerer Lichte bei einer Solegeschwindigkeit von 0,75 m/s entsprechen. Dies wäre gemäß Rohrdiagramm XI ein Querschnitt von 38,485 cm². Nimmt man nun den äußeren Durchmesser des inneren Rohres mit beispielsweise 40 mm an,

so liest man in der Rohrtabelle dessen Querschnitt mit . . . . 12,566 cm²
hiezu addiert man die gefundenen . . . . . 38,485 »
$\overline{ 51,051 \text{ cm}^2}$

und sucht unter dieser Ziffer im Rohrdiagramm XI den zugehörigen Querschnitt, und zwar wählt man den nächst höheren, das ist in diesem Falle 51,530 cm², was einem Durchmesser von 81 mm entspricht. Es muß also in diesem Beispiele der innere Durchmesser des äußeren Rohres 81 mm betragen.

b) Ermittlung der stündlichen Solemengen und der Leitungsquerschnitte der Soleleitungen.

Die Solemenge zeigt das Diagramm XIV an. In demselben bedeutet die horizontale Grundlinie die erforderliche Anzahl kcal, die pro Stunde den Kühlräumen vermittelt werden soll, während die vertikale Linie die hiezu erforderliche Solemenge, die pro Stunde in den Systemen zu zirkulieren hat, angibt. Das Diagramm ist für Sole von 21,1 Beaumé bei + 15° C ausgearbeitet und besitzt Diagrammlinien für Natriumchloridsole, Reinhardin, Chlormagnesium- und Chlorkalziumsolen.

Aus der gefundenen Solemenge pro Stunde und den günstigsten Solegeschwindigkeiten ermittelt man vermittels Diagramm XV die erforderlichen Rohrdurchmesser.

Die günstigsten Solegeschwindigkeiten sind

in den Kühlrohrsystemen . . . . 0,4 m/s,
in den Hauptleitungen . . . . 1 bis 1,5 m/s.

c) Berohrung der Kühlräume.

1. Glatte Flanschenrohre und Solespeicherrohre.

Der Wärmeaustausch beträgt 20 bis 25 kcal/h und °C Temperaturdifferenz (zwischen Soletemperatur und der gewünschten Kühlraumtemperatur). Die erforderliche Länge der Berohrung ermittelt man aus Diagramm XVI.

Die linke Hälfte dieses Diagramms XVI ist in zwei Viertel geteilt. Das erste Viertel von links (mit maximal bezeichnet) verwendet man, um die Höchstlänge, das zweite Diagrammviertel (mit minimal bezeichnet), um die Mindestlänge der erforderlichen Rohre zu ermitteln. Die Grundlinie der linken Diagrammhälfte gibt die kcal an, welche im Kühlraume pro Stunde ausgetauscht werden sollen. Man verfolgt die Vertikalkoordinate bis zum Schnitt mit der Temperaturdifferenzlinie (Sole z. B. —5°C und gewünschte Kühlraumtemperatur z. B. + 2° C, mithin Temperaturdifferenz 7° C) und von diesem Schnittpunkte an verfolgt man die Horizontalkoordinate bis zu deren Schnittpunkt mit der dem gewählten Rohre entsprechenden Linie auf der rechten Diagrammhälfte. Von diesem Schnittpunkte verfolgt man die Vertikalkoordinate abwärts und findet auf der Grundlinie der rechten Diagrammhälfte die Ziffer, welche die erforderliche Rohrlänge angibt.

Strichliertes Beispiel: Der Kühlraum benötigt 500 kcal/h, Temperaturdifferenz 7° C, es sollen Speicherrohre von 320 mm Dmr. gewählt werden. Erforderliche Rohrlänge mindestens 2,7 m und höchstens 3,4 m. Oder bei den gleichen Annahmen, jedoch statt 500 kcal/h jetzt 5000 kcal/h, gibt eine erforderliche Rohrlänge von mindestens 27 m und höchstens 34 m.

Zulässige Gesamtlänge der hintereinandergeschalteten Kühlrohre ist 100 bis 250 m. Das Diagramm XXII gibt die üblichen lichten Weiten der Hauptleitungen bei glattem Börtelrohr nach Diagramm XVI für Kühlanlagen an, bei welchen mehrere Kühlsysteme in Parallelschaltung vorhanden sind.

2. Schmiedeisernes Rippenrohr.

Die Kälteübertragung beträgt bei schmiedeisernem Rippenrohr mit aufgeschweißten Rippen 7 kcal/h und 1 m² und °C Temperaturdifferenz (zwischen Soletemperatur und der gewünschten Kühlraumtemperatur).

Zur Ermittlung der erforderlichen Länge der berippten Rohre verwendet man das Diagramm XVII. Die Bezeichnungen (1 bis 38) der Diagrammlinien geben an, welcher

Rippenrohrdimension jede Linie éntspricht, und sind die verschiedenen Arten von handelsüblichen Rippenrohren in nachfolgender Tabelle zusammengestellt:

Bei Solekühlung übliche schmiedeiserne Rippenrohre.

Rohrdurchmesser mm	Rippendurchmesser mm	Anzahl der Rippen pro 1 m	Linie im Diagramm
27,5/32	82	50	34
		65	31
	92	40	32
		50	29
37/41,5	101	50	26
		65	22
	121	40	23
		50	16
	131	40	13
		50	9
51,5/57	137	40	18
		50	13
	157	40	11
		50	6
70/70	156	40	13
		50	9
	176	40	8
		50	15
82/89	169	40	12
		50	8
	189	40	5
		50	2
100/108	188	40	9
		50	4
	208	40	3
		50	1

Strichliertes Beispiel: Kältebedarf 7000 kcal/h im Kühlraum, Temperaturdifferenz 9° C. Es sollen Rippenrohre gemäß der vorstehenden Tabelle gewählt werden, wie sie unter 27 beschrieben sind.

Es werden benötigt bei verzinkten Rippenrohren mit aufgeschweißten Rippen (gemäß Ablesung im Diagramm) . . . . m 113,— berippte Länge.

Bei verzinkten Rippenrohren mit aufgeschraubten Rippen benötigt man um 75% mehr als man im Diagramm abliest, also . . . . » 197,7

Bei gestrichenen Rippenrohren mit aufgeschweißten Rippen benötigt man um 14% weniger als das Diagramm anzeigt, also . . . . » 97,—

Bei gestrichenen Rippenrohren mit aufgeschraubten Rippen benötigt man um 51% mehr als das Diagramm anzeigt, also . . . . » 170,6

Die Gesamtlänge der hintereinandergeschalteten Rohre darf 100 bis 250 m betragen. Geschwindigkeit in den Kühlsystemen höchstens 0,4 m/s, Geschwindigkeit der Sole in den Hauptleitungen höchstens 1 bis 1,5 m.

3. Gußeisernes Rippenrohr.

Die Kälteübertragung beträgt 5 kcal pro 1 m² und ° C Temperaturdifferenz (Soletemperatur gegen Kühlraumtemperatur) und Stunde. Zur Bestimmung der Anzahl der erforderlichen Rippenrohre dient das Diagramm XVIII.

Es entsprechen in der rechten Diagrammhälfte die mit Buchstaben bezeichneten Linien den nachfolgenden Rippenrohrtypen:

Rohrdurchmesser innen mm	Rohrlänge mm	Rippendurchmesser mm	Rippenanzahl	Linie im Diagramm
100	2000	210	81	a
75	2000	195	53	e
75	1500	195	39	g
75	1000	195	24	i
70	2000	172	93	c
70	1500	172	69	e
70	1000	172	46	h
70	2000	190	95	a
70	2000	170	93	b
70	2000	170	68	d

Benutzungsanleitung zu Diagramm XVIII.

Die Grundlinie der linken Diagrammhälfte XVIII gibt die kcal/h an, welche in dem Kühlraume ausgetauscht werden sollen. Die Kalorienvertikalkoordinate wird bis zum Schnittpunkte mit der Temperaturdifferenzlinie (Sole —5° C, Kühlraum +4° C, mithin Temperaturdifferenz 9° C) verfolgt. Von diesem Schnittpunkte an wird die Horizontalkoordinate bis zum Schnittpunkte mit der dem gewählten Rippenrohr zugehörigen Linie der rechten Diagrammhälfte verfolgt und sodann von diesem Schnittpunkte abwärts die Vertikalkoordinate. Man gelangt auf der Grundlinie der rechten Diagrammhälfte zu der benötigten Anzahl Rohre in Stück.

Strichliertes Beispiel: Kühlraum benötigt 700 kcal/h, Temperaturdifferenz 9° C, gewünschtes Rippenrohr 100 mm innerer Rohrdurchmesser, 2000 mm Länge, 210 mm Rippendurchmesser und 81 Stück Rippen auf dem Rohre (Linie a). Man benötigt ca. 3 Stück Rohre.

Temperaturdifferenz zwischen Solezu- und -ablauf im Refrigeratorbehälter 2 bis 3° C maximal.

Zulässige Gesamtlänge der hintereinandergeschalteten Rohre 100 bis 250 m.

Solegeschwindigkeit in den Hauptleitungen höchstens 1 bis 1,5 m/s, in den Kühlrohren höchstens 0,4 m/s.

d) Bestimmung der Pumpenleistung der Solezirkulationspumpe.

Die Größe der Pumpe bestimmt sich aus der stündlich zu befördernden Solemenge und aus den Druckverlusten in Meter Wassersäule infolge Reibung der Sole an den Wänden der Leitungsrohre zuzüglich der zu überwindenden Förderhöhen.

Die erforderlichen Förderhöhen ergeben sich aus dem Bauplane, während die Druckverluste in den Leitungen nach Diagramm XIX zu ermitteln sind. Die horizontale Grundlinie dieses Diagramms gibt den Druckverlust in m pro 100 laufende m horizontales Leitungsrohr an. Die Vertikalkoordinaten geben den inneren Durchmesser der Leitungsrohre in mm an und die schrägen Diagrammlinien die Geschwindigkeit der Flüssigkeit in den Rohren in m/s. Die erhaltenen Ziffern über die Leitungswiderstände gelten für reines Wasser und müssen bei Sole um etwa 20 bis 25% erhöht angenommen werden.

VII. Direkte Verdampfung.

Rippenrohre und glatte nahtlos gezogene Rohre.

Schmiedeiserne Rippenrohre mit aufgeschweißten Rippen. Wärmeübertragung pro 1 m² Oberfläche 7 kcal/h und ° C Temperaturdifferenz.

Schmiedeiserne Rippenrohre mit aufgeschraubten Rippen. Wärmeübertragung pro 1 m² Oberfläche 4 kcal/h und ° C Temperaturdifferenz.

Die Linien der rechten Diagrammhälfte des Diagrammes XVII entsprechen folgenden Rippenrohren:

Scheibenrippenrohre.

Rohrdurchmesser mm	Rippendurchmesser mm	Anzahl der Rippen pro 1 m	Linie im Diagramm
26,5/20,5	86	40	34
		50	31
33/25	93	33	34
		40	32
		50	29
38/30	98	40	32
		50	28
	118	33	26
		40	23
		50	17
	138	33	18
		40	13
		50	9
48/40	108	40	29
		50	26
	128	40	20
		50	14
	148	33	16
		40	12
		50	8
30/23	140	50	15
		40	22
33/26	120	40	27
	140	40	21
38/30	140	40	21
	150	40	17
38/28	150	50	12
42/36	140	40	21
	150	40	17
48/41	140	40	22
	160	40	13
60/54	150	40	18
	160	40	14

Rohrdurchmesser mm	Rippendurchmesser mm	Anzahl der Rippen pro 1 m	Linie im Diagramm
30/38	98	33	34
		40	32
		50	28
	118	33	26
		40	23
		50	17
	138	33	22
		40	13
		50	9
40/48	108	33	32
		40	29
		50	25
	128	33	24
		40	20
		50	14
	148	33	16
		40	22
		50	7

Spiralrippenrohre.

Rohrdurchmesser mm	Rippendurchmesser mm	Anzahl der Rippen pro 1 m	Linie im Diagramm
20/26	76	33	38
		40	37
		50	35
	86	33	36
		40	34
		50	31
	166	33	30
		40	26
		50	22
26/33	83	33	37
		40	36
		50	34
	93	33	35
		40	33
		50	30
	113	33	28
		40	24
		50	19
	133	33	19
		40	14
		50	10

Die Grundlinie der rechten Diagrammhälfte gibt die erforderliche berippte Länge für schmiedeiserne Rohre mit aufgeschweißten Rippen, verzinkt, an.

Man benötigt bei gestrichenen Rohren um 14% weniger . . . als das Diagramm anzeigt bei schmiedeisernen Rippenrohren verzinkt, mit aufgeschraubten Rippen um 75% mehr . . . . » » » » bei schmiedeisernen Rippenrohren gestrichen, mit aufgeschraubten Rippen um 51% mehr . . . . » » » »

Benutzungsanleitung zu Diagramm Nr. XVII.

Der ermittelte stündliche Kältebedarf des Kühlraumes wird von der Grundlinie der linken Diagrammhälfte nach der Vertikalkoordinate verfolgt bis zum Schnittpunkt mit der Temperaturdifferenzlinie (Verdampfertemperatur —10°, Kühlraumtemperatur +4°, gibt 14° Temperaturdifferenz). Von diesem Schnittpunkte verfolgt man die Horizontalkoordinate bis zum Schnitt mit der gewünschten Rippenrohrlinie. Von diesem Schnittpunkte die Vertikalkoordinate nach abwärts verfolgt, führt auf der Grundlinie der rechten Diagrammhälfte zur benötigten Länge an beripptem Rohr.

Strichliertes Beispiel: Kältebedarf 7000 kcal/h im Kühlraum, Temperaturdifferenz 9°. Es sollen Scheibenrippenrohre mit 33/26 mm Rohrdurchmesser, 120 mm Rippendurchmesser und 40 Rippen pro m berippter Länge gewählt werden. Aus den Tabellen entnimmt man die Rippenrohrlinie 27. Es werden benötigt:
bei verzinkten Rippenrohren mit aufgeschweißten Rippen . . . . m 113,—
bei verzinkten Rippenrohren mit aufgeschraubten Rippen, um 75% mehr, also . . . . . . » 197,7
bei gestrichenen Rippenrohren mit aufgeschweißten Rippen, um 14% weniger, also . . . . » 97,—
bei gestrichenen Rippenrohren mit aufgeschraubten Rippen, um 51% mehr, also . . . . . » 170,6

Benutzungsanleitung zu Diagramm Nr. XX.

Glattes nahtlos gezogenes Rohr. Wärmeübertragung pro 1 m² Rohroberfläche 10 kcal/h und °C Temperaturdifferenz.

Der ermittelte stündliche Kältebedarf des Kühlraumes in kcal befindet sich auf der Grundlinie der linken Diagrammhälfte. Die Kalorienziffer wird längs der Vertikalkoordinate aufwärts verfolgt bis zum Schnittpunkt mit der Temperaturdifferenz (z. B. Verdampfertemperatur —10° und gewünschte Kühlraumtemperatur +3° ergibt eine Temperaturdifferenz von 13°). Vom Schnittpunkte dieser beiden Linien aus wird die Horizontalkoordinate bis zum Schnitt derselben mit jener Rohrlinie auf der rechten Diagrammhälfte verfolgt, welche dem gewählten Rohre entspricht. Von diesem Schnittpunkte verfolgt man die Vertikalkoordinate nach abwärts und gelangt zu der erforderlichen Rohrlänge.

Strichliertes Beispiel: Kältebedarf des Kühlraumes 600 kcal, Temperaturdifferenz 10°, gewünschtes Rohr mit einem äußeren Durchmesser von 70 mm. Erforderliche Rohrlänge 28,5 m. Oder: dieselben Verhältnisse, jedoch Kältebedarf des Kühlraumes pro Stunde 6000 kcal. Erforderliche Rohrlänge 285 m.

Es dürfen maximal 200 m Rohr hintereinandergeschaltet werden, zulässige Höchstgeschwindigkeit der Dämpfe 10 m/s.

VIII. Kombinierte Kühlung.

Solespeicherrohre mit inliegender Verdampferschlange. Wärmeübertragung pro 1 m² Rohroberfläche der Speicherrohre 15 kcal/h und Grad Temperaturdifferenz.

Benutzungsanleitung zu Diagramm Nr. XXI.

Der ermittelte stündliche Kältebedarf des Kühlraumes in Kalorien ist auf der horizontalen Grundlinie der linken Diagrammhälfte nach aufwärts zu verfolgen.

Wünscht man im Kühlraum z. B. eine Raumtemperatur von + 5° C und soll mit einer Soletemperatur von — 5° C gearbeitet werden, so beträgt die Temperaturdifferenz 10°. Dementsprechend sucht man den Schnittpunkt der Temperaturdifferenzlinie für 10° mit der vertikalen Kalorienkoordinate, verfolgt von diesem gefundenen Schnittpunkte aus die Horizontalkoordinate und sucht in der rechten Diagrammhälfte den Schnittpunkt dieser Horizontalkoordinate mit jener Linie, die der zu verwendenden Speicherrohrdimension entspricht. (Z. B. Speicherrohr mit 320 mm äußerem Durchmesser in 2 m langen Stücken.) Dieser Schnittpunkt längs der Vertikalkoordinate nach abwärts verfolgt, führt auf der Teilung der Grundlinie der rechten Diagrammhälfte zu jener Ziffer, welche die erforderliche Länge der Speicherrohre angibt.

Strichliertes Beispiel: Dem Kühlraume sollen stündlich 500 kcal zugeführt werden und soll die Berohrung aus je 2 m langen Stücken von Solespeicherrohren mit 320 mm Dmr. bestehen. Die Temperaturdifferenz zwischen Sole und Kühlraum soll 10° betragen. Man benötigt insgesamt 3,1 m Solespeicherrohre, das ist rd. 2 Stück.

Anmerkung zu sämtlichen Solespeicherrohren.

In den Diagrammen ist lediglich jene Kühlfläche berücksichtigt, welche der zylindrische Umfang der Solespeicherrohre ergibt. Sollen auch die Flächen berücksichtigt werden, die sich aus den Abschlußdeckeln ergeben, so muß man von den aus den Diagrammen gefundenen Ziffern für die erforderlichen Rohrlängen abziehen:

Bei Stücken von m Länge	Bei Rohr von 320 mm Durchmesser	Bei Rohr von 200 mm Durchmesser
1,00	14,0%	8,6%
1,25	11,4%	7,0%
1,50	10,1%	6,4%
1,75	9,1%	5,4%
2,00	7,4%	4,7%
2,50	6,4%	3,8%
3,00	4,8%	3,2%
3,50	4,3%	2,8%
4,00	3,9%	2,4%
4,50	3,5%	2,1%
5,00	3,0%	1,8%

IX. Kühlung mittels Luftkühlapparaten.

a) Trockenluftkühler.

Berohrung: Man ermittelt die erforderliche Rohrlänge, wenn die Berohrung aus nahtlosen glatten Rohren bestehen soll, nach dem Diagramm XX. Die gefundene Rohrlänge wird nach folgender Tabelle reduziert:

Nach Diagramm XX ermittelte Rohrlänge in m	Erforderliche Rohrlänge in m	Nach Diagramm XX ermittelte Rohrlänge in m	Erforderliche Rohrlänge in m
100	40—50	50	20—25
95	38—47,5	45	18—22,5
90	36—45	40	16—20
85	34—42,5	35	14—17,5
80	32—40	30	12—15
75	30,3—37,5	25	10—12,5
70	28—35	20	8—10
65	26—32,5	15	6— 7,5
60	24—30	10	4— 5
55	22—27,5	5	2— 2,5

Die Luftgeschwindigkeit im Trockenluftkühler soll 2 bis 3 m/s betragen, im Hauptleitungskanal 4 bis 6 m/s, in den Verteilungskanälen 1 bis 2 m/s, im Gefrierraum 0,5 bis 1 m/s, im Kühlraum 0,1 m/s.

Soll die Berohrung aus Rippenrohren bestehen, so ermittelt man aus dem Diagramm XVII die Rohrlänge. Die dort ermittelte Rohrlänge wird ebenso nach obiger Tabelle reduziert. Luftgeschwindigkeiten wie oben.

b) Berieselungskühler.

Berohrung: Man benötigt die gleiche Rohrlänge wie beim Trockenluftkühler.
Luftgeschwindigkeit im Berieselungskühler 1,5 bis 2 m/s.
Alle übrigen Daten wie beim Trockenluftkühler.

c) Regenluftkühler.

Der Regenluftkühler benötigt pro 550 bis 600 kcal/h einen Regenraum von 1 m³.

Benutzungsanleitung zu Diagramm Nr. XXV.

Die Grundfläche des Diagramms gibt die errechneten Kalorien pro Stunde an, welche zur Kühlung der Räume erforderlich sind. Verfolgt man die Vertikalkoordinate bis zum Schnittpunkte mit der Linie für Höchst- bzw. Mindestbedarf und von diesem Schnittpunkte an die Horizontalkoordinate, so gelangt man zur erforderlichen Anzahl m³ Regenraum.

Strichliertes Beispiel: Es sind 6000 kcal/h erforderlich, dies ergibt einen Regenraum von mindestens 10 m³ und höchstens 11 m³. Die Luftgeschwindigkeit im Regenkühler soll 1,5 bis 2 m/s betragen Querschnitte des Regenkühlers und der Luftführungsleitungen siehe Diagramm XV.

d) Allgemeine technische Daten über Luftkühlung.

Luftumwälzung im Kühlraum 10- bis 15 mal pro h.
Luftumwälzung im Gefrierraum 25- bis 30 mal pro h.
Kältebedarf pro 1 m³ Luft ca. 15 kcal.

1. Ermittlung des Kältebedarfes und des stündlichen Luftbedarfes aus Diagramm XXIV.

Benutzungsanleitung: Die Grundlinie der linken Diagrammhälfte gibt den Kubikinhalt des Kühl- resp. Gefrierraumes in m³ an. Die Vertikalteilung bedeutet den Luftbedarf in m³/h und die Grundlinie der rechten Diagrammhälfte gibt den Kältebedarf pro Stunde in kcal an.

Strichliertes Beispiel: Kühlraumgröße 50 m³. Erfordert mindestens 500 m³ und höchstens 740 m³/h Luftumwälzung und eine Kompressorenleistung von mindestens 8000 kcal und höchstens 11,500 kcal/h.

2. Querschnitte der Kühler, der Leitungen und Luftgeschwindigkeit in Kühlräumen und Gefrierräumen.

Das Diagramm XV gibt auf der horizontalen Grundlinie die Luftgeschwindigkeiten in m/s, auf der vertikalen Linie die m³ Luftdurchgang pro h an. Die schrägen Diagrammlinien bedeuten den Durchgangsquerschnitt und geben denselben in mm Dmr. eines kreisrunden Rohres an. Oben am Kopf des Diagramms sind die zulässigen Geschwindigkeiten der Luft in Kühlräumen, Gefrierräumen, in Berieselungs- und Regenkühlern, in Trockenkühlern, in den Haupt- und Verteilungsluftleitungen eingezeichnet.

3. Ermittlung der erforderlichen Ventilatorstärke.

Die Größe des Ventilators, welcher die Luftförderung zu besorgen hat, wird durch die zu befördernde Luftmenge pro h sowie durch den zu überwindenden Widerstand in mm W.-S. festgelegt.

Die Luftmenge wurde bereits wie oben ermittelt. Der Luftwiderstand infolge der Leitungen ergibt sich aus Diagramm XXIII, wobei die horizontale Grundlinie die Luftgeschwindigkeit in m/s, die vertikale Linie den Widerstand in mm W.-S. pro 1 m Rohr angibt. Die schrägen Diagrammlinien geben den Rohrdurchmesser in mm (innere Lichte) an.

Bei Benutzung dieses Diagramms ist die Rohrlänge in der Weise zu verwenden, daß gerade Rohre mit der vorhandenen Anzahl laufender Meter und Rohrkrümmer mit einem Radius vom doppelten Rohrdurchmesser mit 3 laufenden Metern Rohr pro Krümmer gerechnet werden.

Zu den so ermittelten Ziffern über den Widerstand in mm W.-S. müssen noch die bekannten Werte für besondere Widerstände, wie rechtwinklige scharfe Knie, scharfe Ablenkungen um 130°, Eintrittsverengungen in ebener Wand usw. zugezählt werden, wenn solche nicht vermeidbar sind.

Schlußwort.

Es ist selbstverständlich, daß die Diagramme nicht bloß für die geschilderten Bestimmungen dienen, sondern daß man dieselben auch für den umgekehrten Vorgang, nämlich für die sachverständige Prüfung einer bestehenden Kühlanlage auf richtige Bemessung der einzelnen Bestandteile, verwenden kann.

Da die Konstruktionsgrundlagen der Diagramme im vorstehenden angegeben sind, kann auch jeder, der in bestimmten Fällen andere Berechnungsgrundlagen anwenden muß, die perzentuellen Zuschläge oder Abzüge zu den aus den Diagrammen ermittelten Daten bestimmen.

Bodenfläche des Kühlraumes in m².

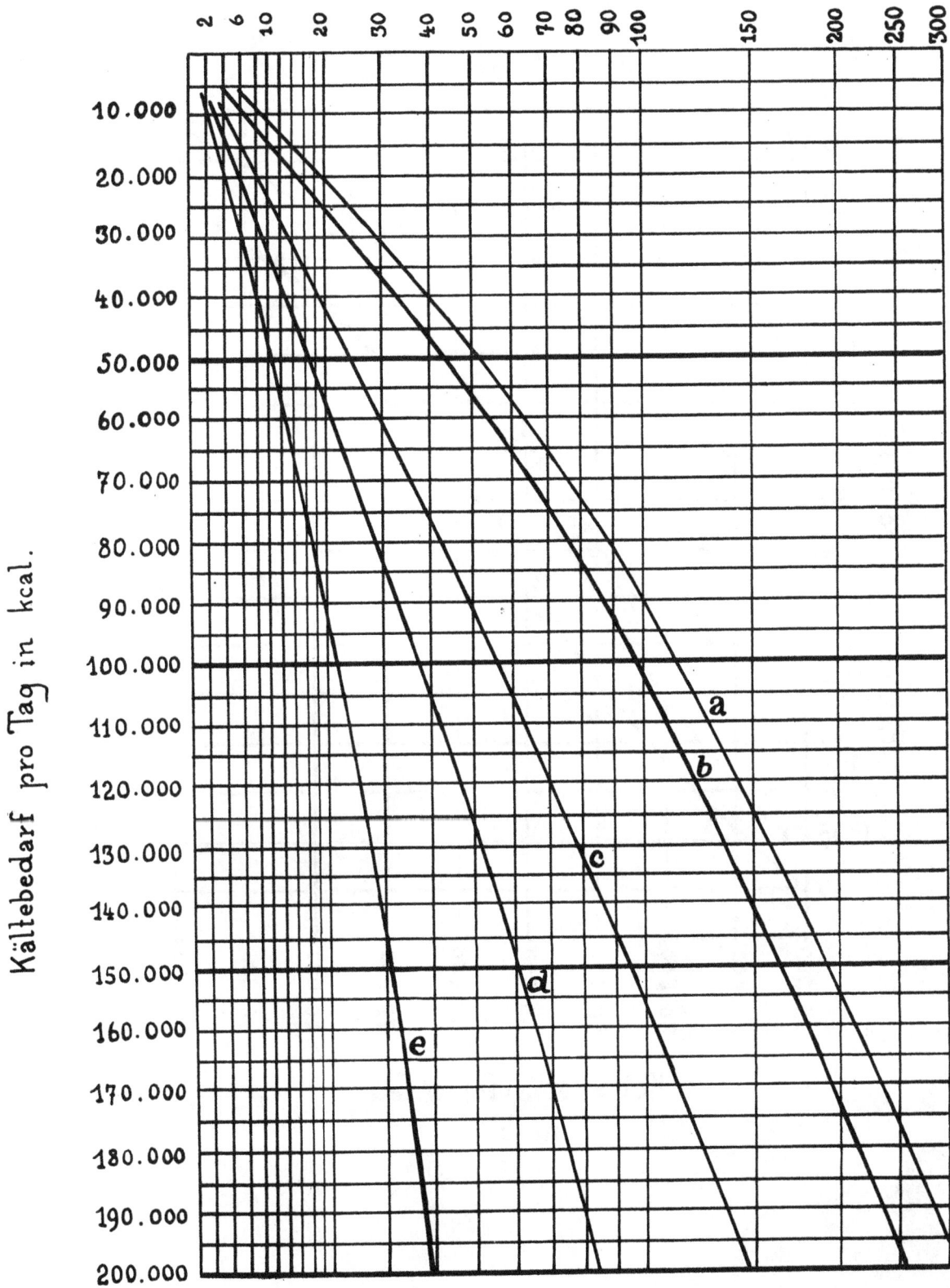

Kältebedarf von Kühlräumen für verschiedene Kühlgüter. — Ermittlung auf Grund der Bodenfläche des Kühlraumes.

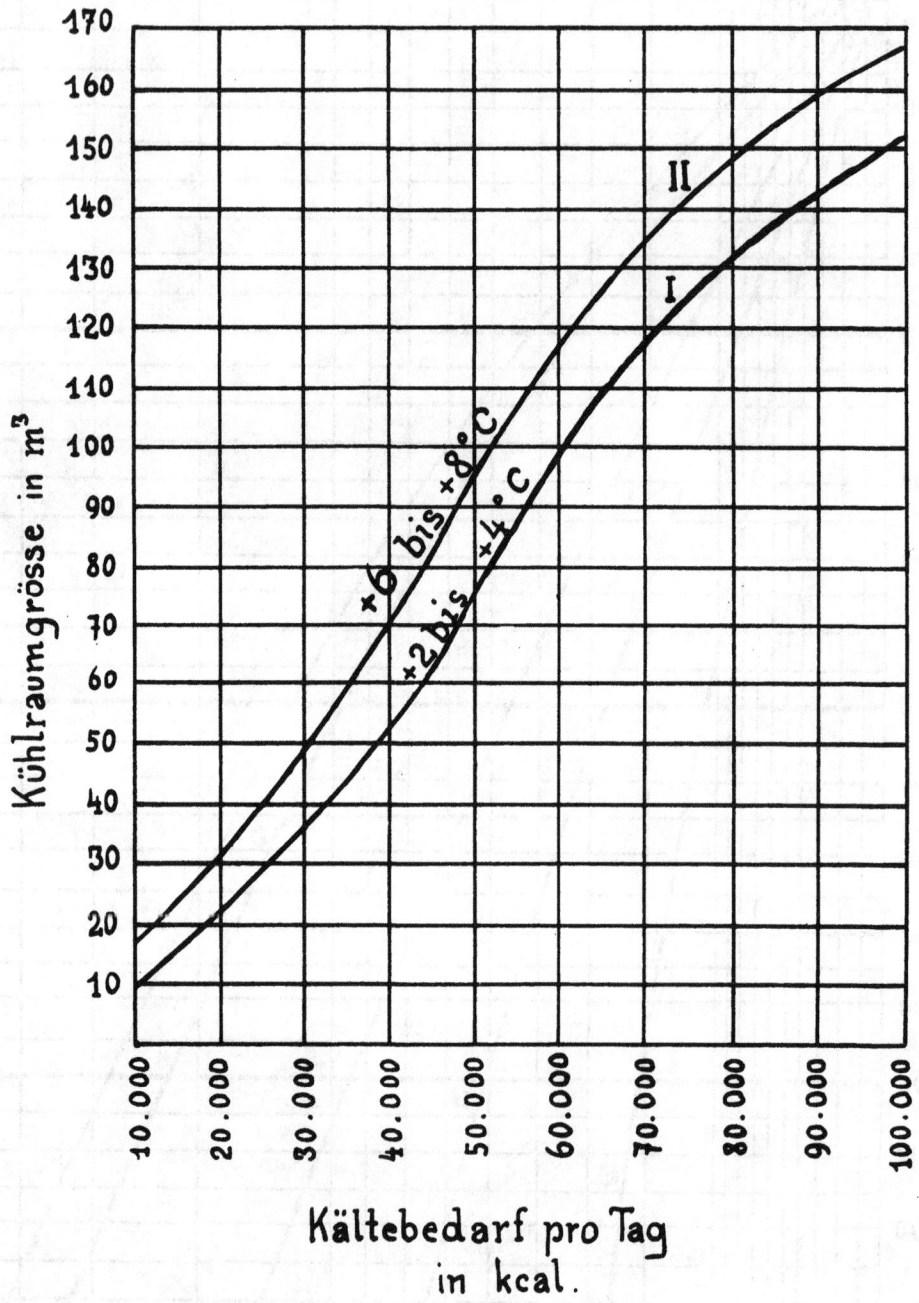

Kältebedarf von Kühlräumen abnormaler Höhe auf Grund des Rauminhaltes.

Kühlrauminhalt in m³

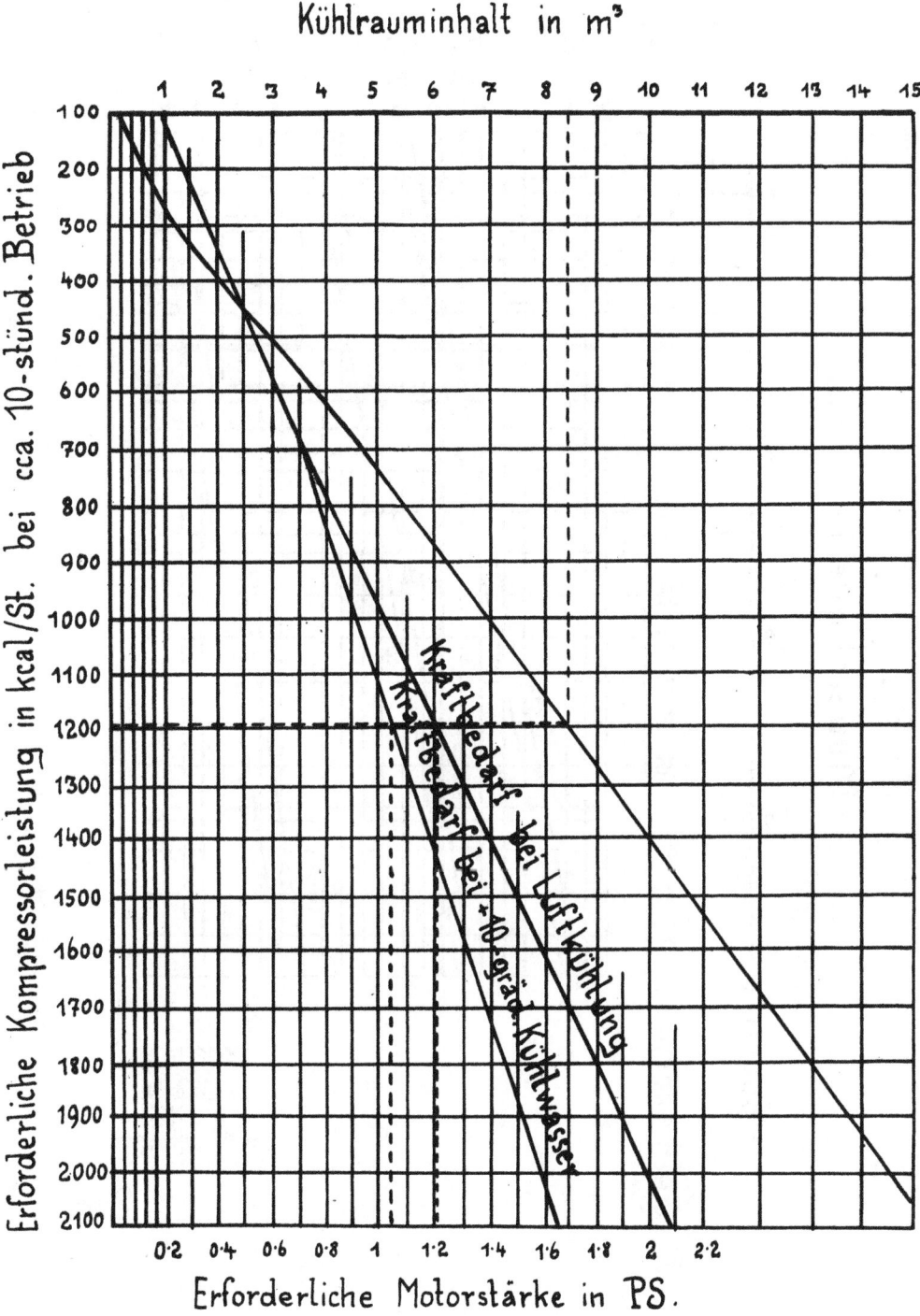

Kompressorleistung für Kühlschränke und kleinere Kühlräume für gemischtes Kühlgut auf Grund des Rauminhaltes.

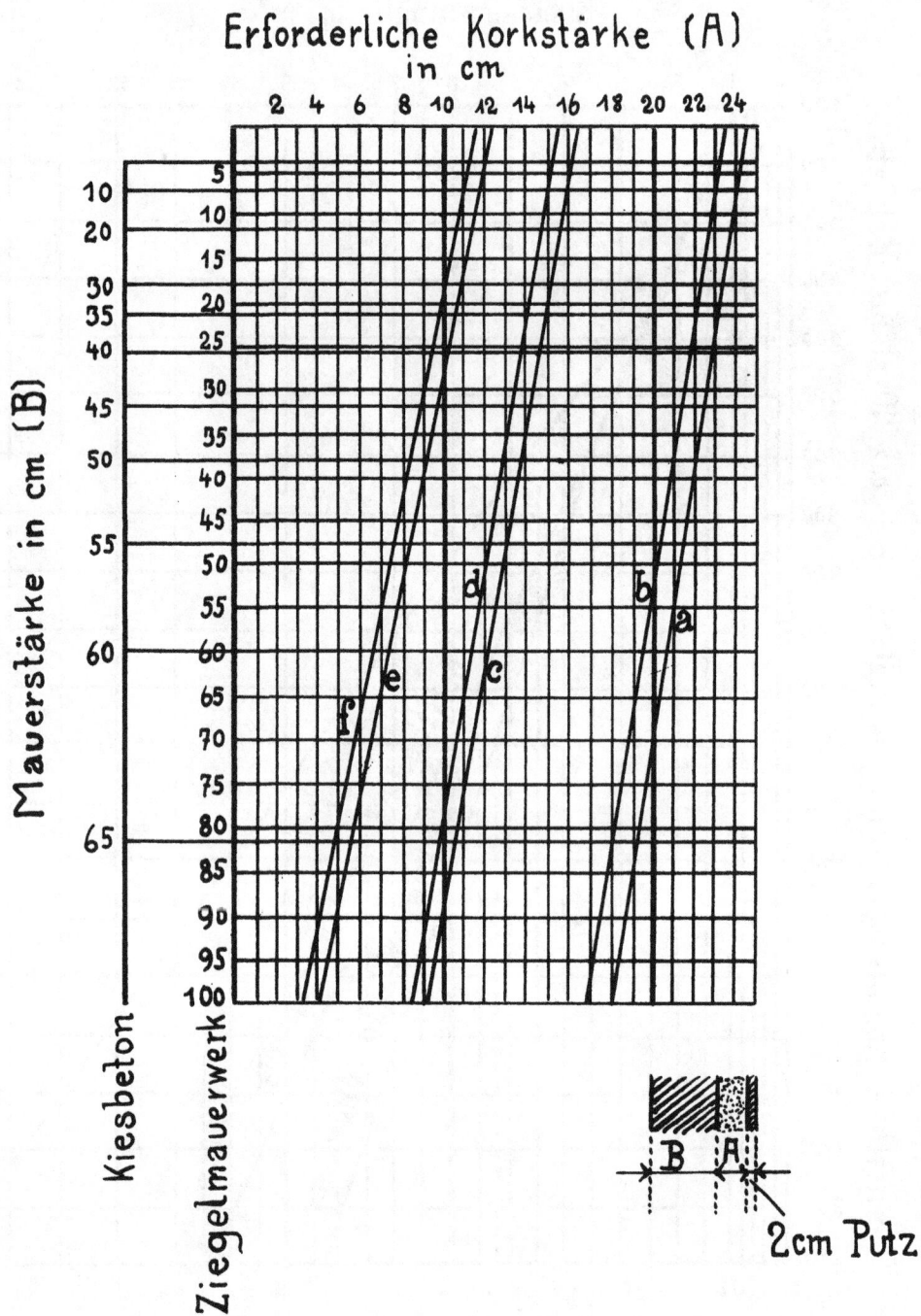

Erforderliche Korkstärke (A) in cm

Mauerstärke in cm (B)

Kiesbeton

Ziegelmauerwerk

2cm Putz

Isolationsstärke für Gefrierräume, Kühlräume und Vorräume.

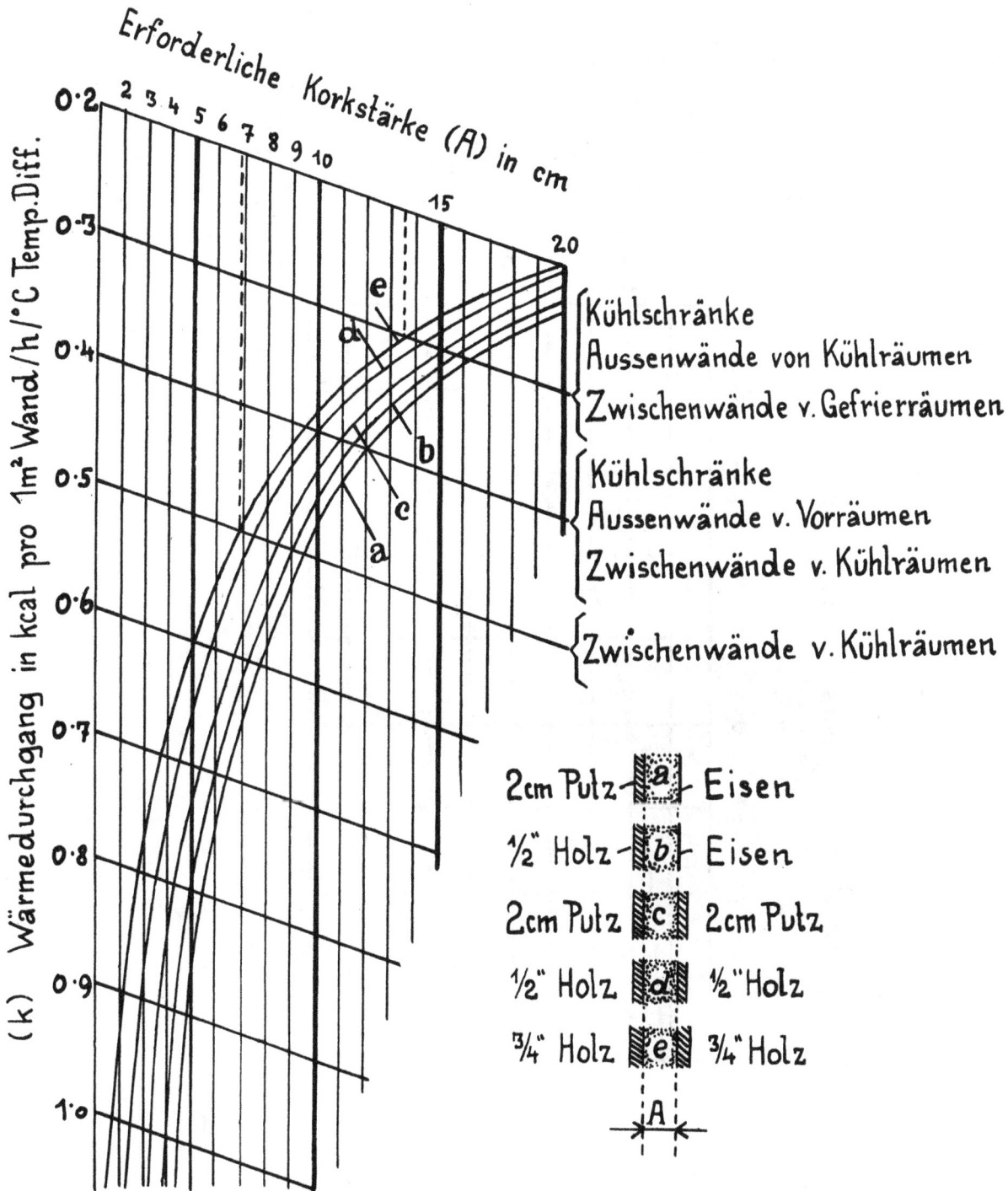

Erforderliche Korkstärke (A) in cm

(k) Wärmedurchgang in kcal pro 1m² Wand/h/°C Temp.Diff.

Kühlschränke
Aussenwände von Kühlräumen

Zwischenwände v. Gefrierräumen

Kühlschränke
Aussenwände v. Vorräumen

Zwischenwände v. Kühlräumen

Zwischenwände v. Kühlräumen

2cm Putz – a – Eisen

½" Holz – b – Eisen

2cm Putz – c – 2cm Putz

½" Holz – d – ½" Holz

¾" Holz – e – ¾" Holz

A

Isolationsstärke für Kühlschränke, Verdampferbehälter und Kühlräume. — Stündlicher Wärmedurchgang.

Stündlicher Kühlwasserbedarf bei Gegenstromkondensatoren pro 1000 kal u. St. Verdampferleistung bei +10° C Kühlwasserzulauf-Temperatur in m³.

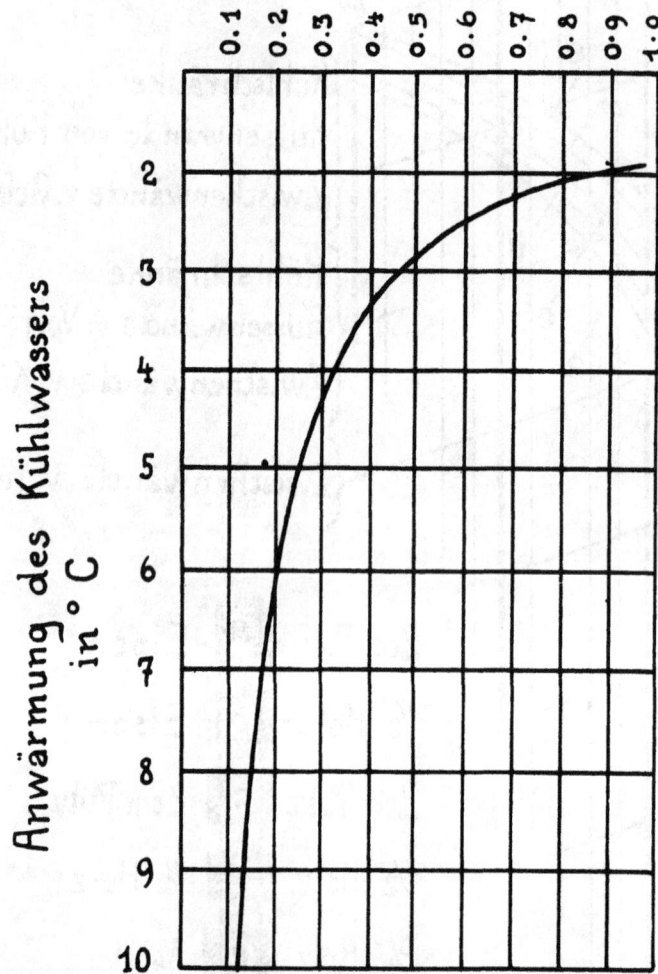

Kühlwasserbedarf bei Gegenstromkondensatoren, je nach Anwärmung des Kühlwassers.

Kühlwasser-Mehrverbrauch in m³/Stunde

Kraft-Mehrverbrauch in PS

Leistungs-Minderung in kcal.

Kühlwasser-Zulauftemperatur in °C.

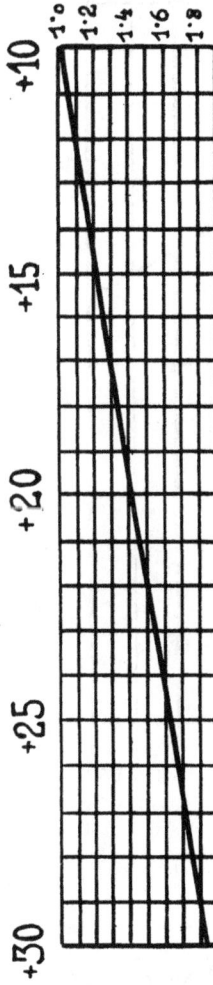

+30 +25 +20 +15 +10

1·0 1·2 1·4 1·6 1·8

Tafel VII. Kühlwassermehrverbrauch bei wärmerem als + 10grädigem Kühlwasser.

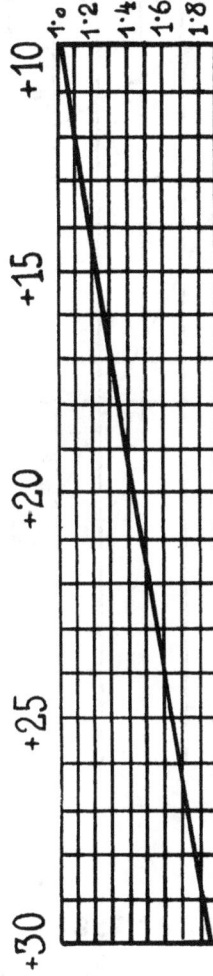

1·0 1·2 1·4 1·6 1·8

Tafel VIII. Kraftmehrverbrauch bei wärmerem als + 10grädigem Kühlwasser.

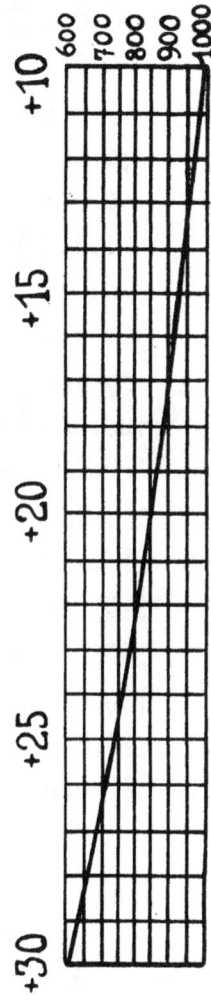

600 700 800 900 1000

Tafel IX. Leistungsminderung der Kühlanlage bei wärmerem als + 10grädigem Kühlwasser.

erforderliche Kühlfläche des Kondensators in m²

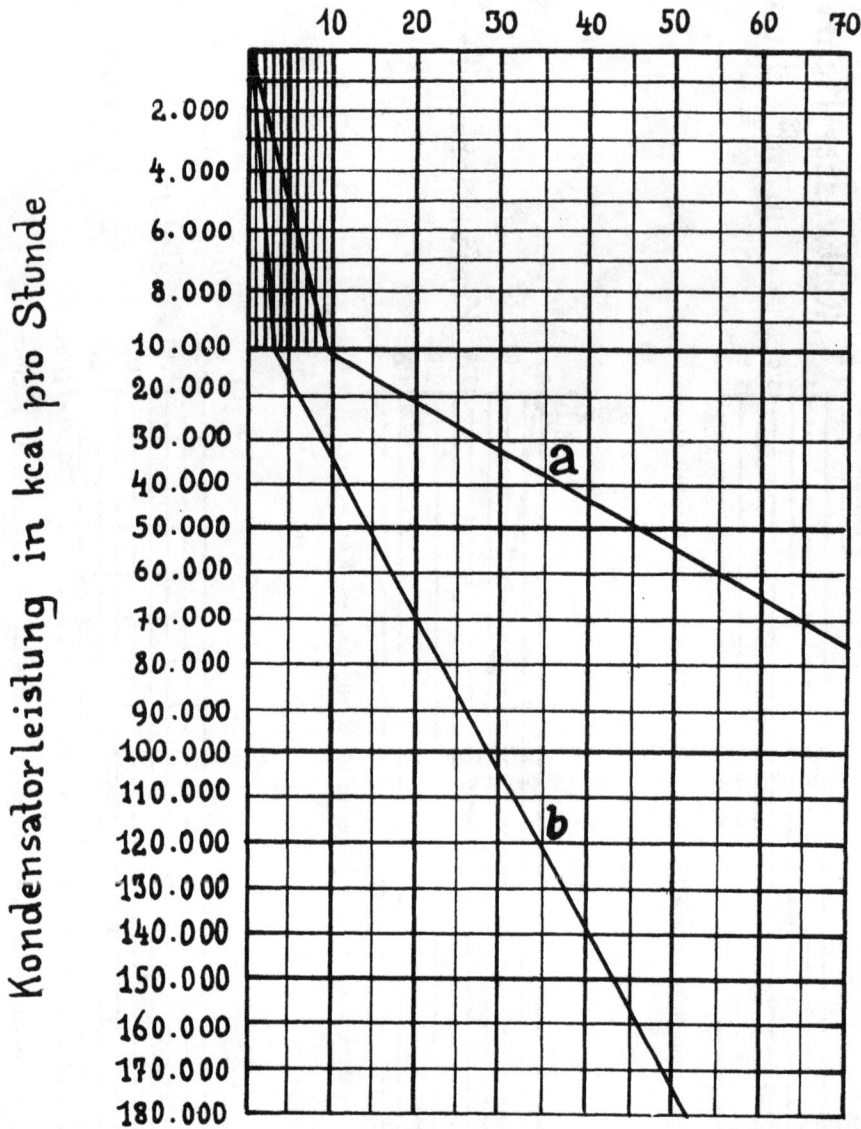

Kondensatorleistung in kcal pro Stunde

a : Tauchkondensatoren
b : Doppelrohr-Gegenstrom-Kondensatoren

Tauchkondensatoren und Doppelrohrgegenstromkondensatoren. — Ermittlung der erforderlichen Kühlfläche.

1 m² Oberfläche entspricht :

| 16 | 14 | 12 | 10 | 8 | 6 | 4 | 2 | 0 m Rohr |

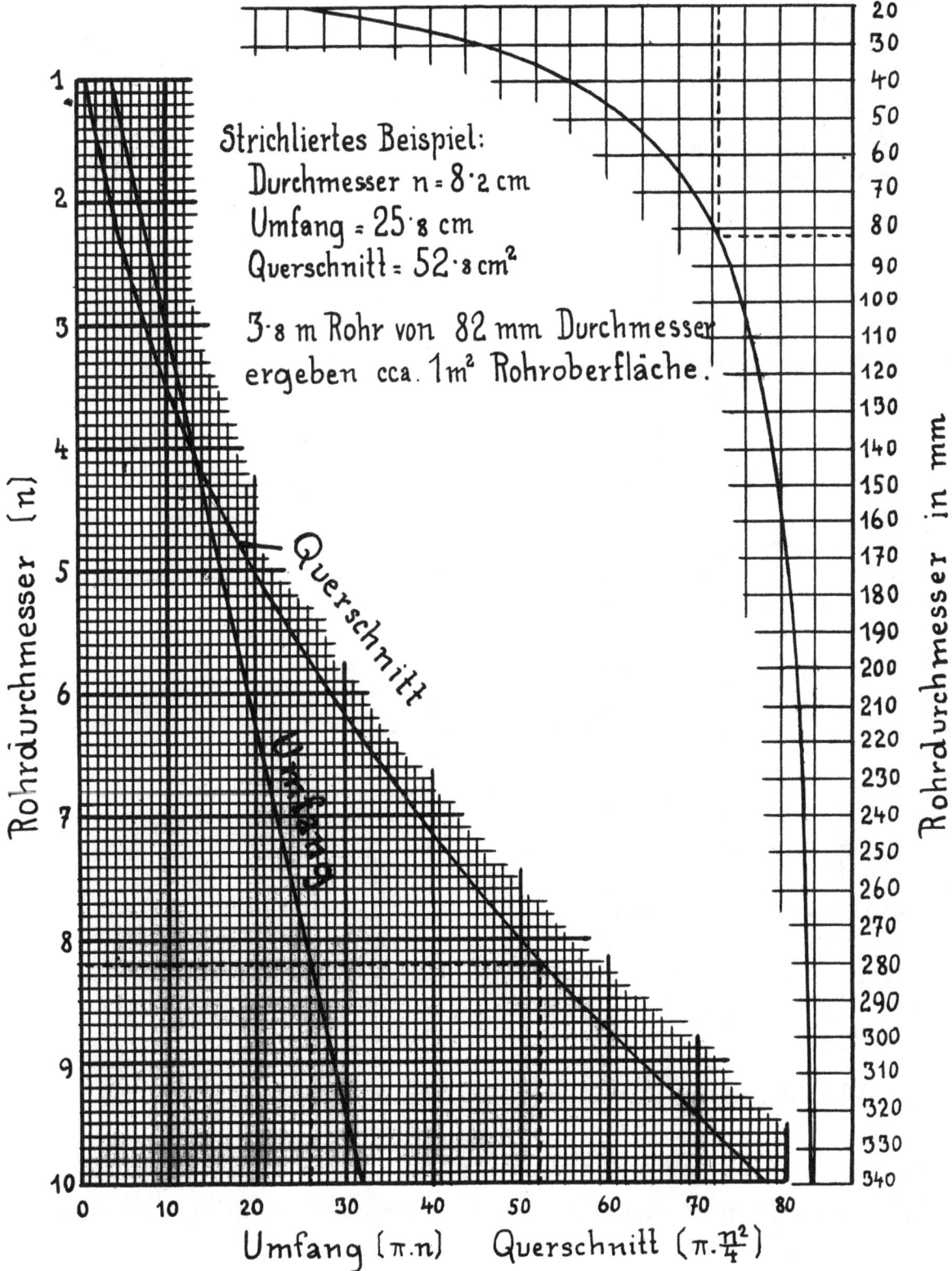

Strichliertes Beispiel:
Durchmesser n = 8·2 cm
Umfang = 25·8 cm
Querschnitt = 52·8 cm²

3·8 m Rohr von 82 mm Durchmesser
ergeben cca. 1 m² Rohroberfläche.

Querschnitt

Umfang

Rohrdurchmesser [n]

Rohrdurchmesser in mm

20
30
40
50
60
70
80
90
100
110
120
130
140
150
160
170
180
190
200
210
220
230
240
250
260
270
280
290
300
310
320
330
340

Umfang (π·n)   Querschnitt (π·$\frac{n^2}{4}$)

Rohrdiagramm. — Ermittlung des Querschnittes, Umfanges und der Oberfläche.

Innere Rohrweite in Zoll engl.

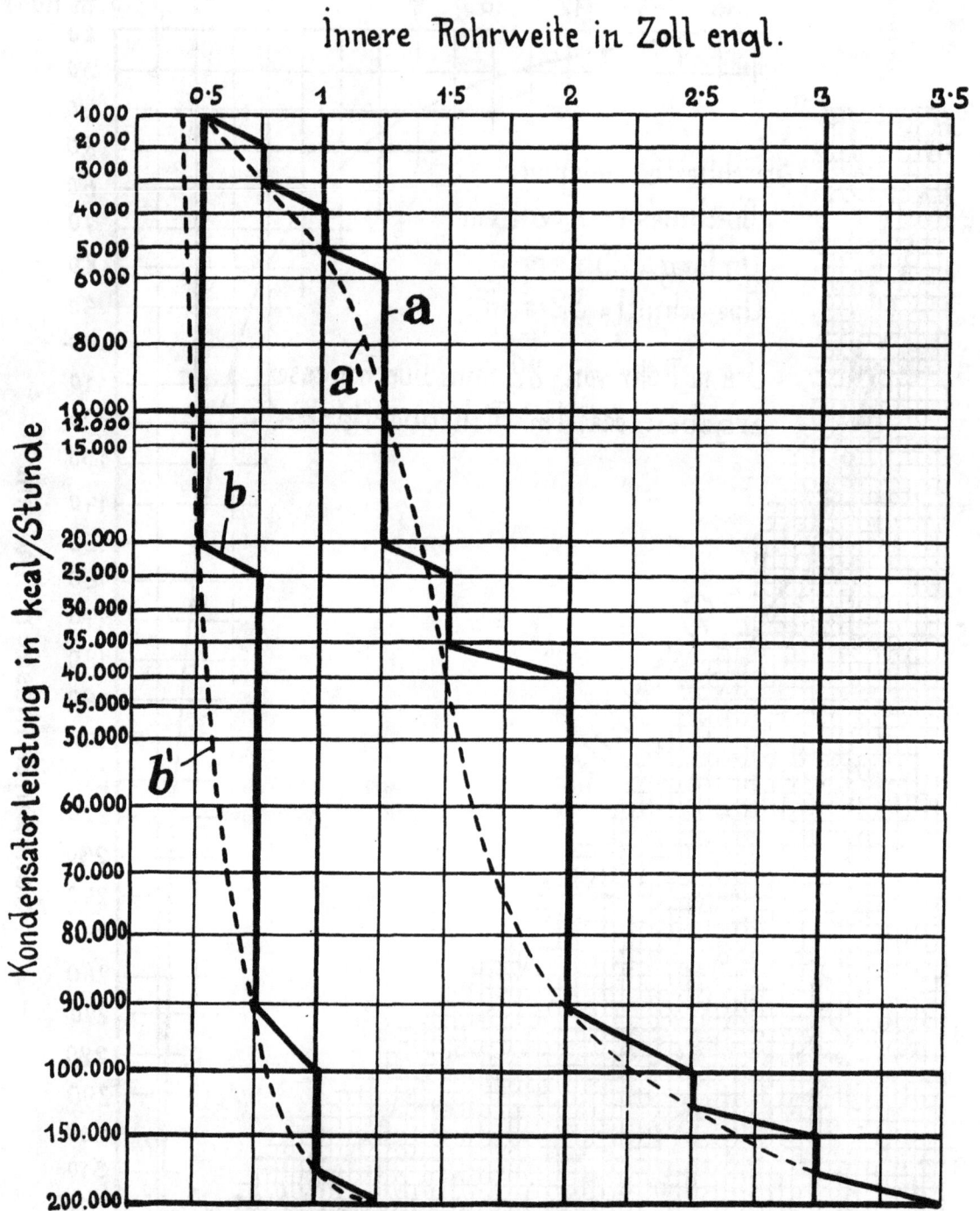

a,a' Leitung von Kompressor zum Kondensator und Saugleitung
b,b' Leitung von Kondensator zum Verdampfer (Einspritzleitung).

Kältemittelleitungen. — Ermittlung der Dimensionierung.

Erforderliche Kühlfläche in m²

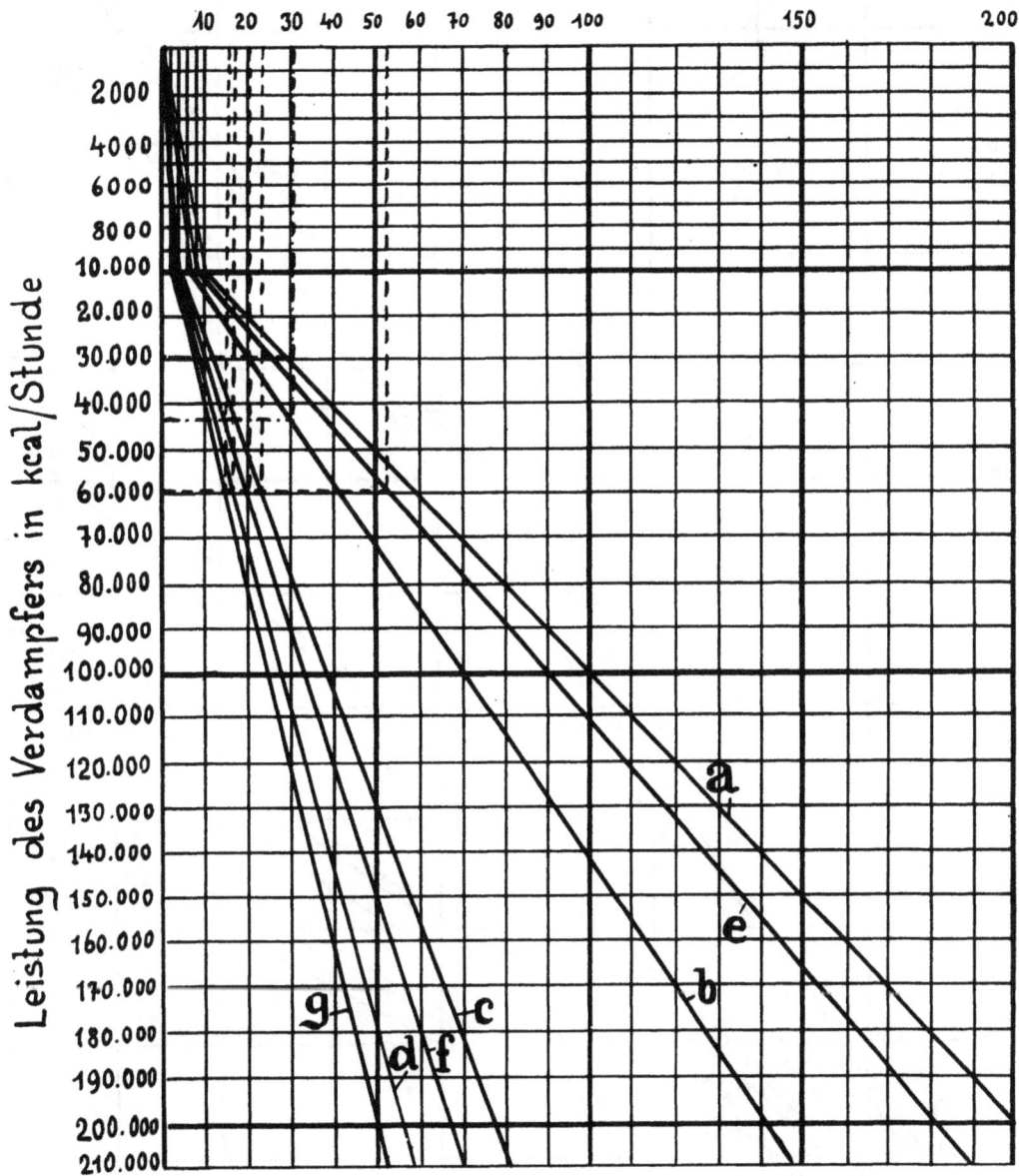

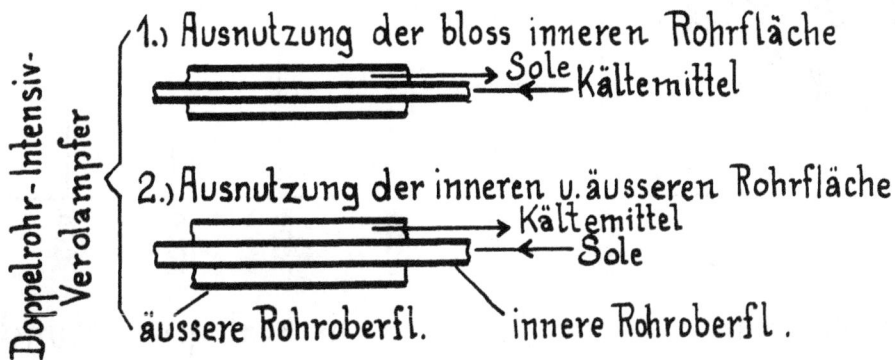

10 20 30 40 50 60 70 80 90 100   150   200

Leistung des Verdampfers in kcal/Stunde

2000
4000
6000
8000
10.000
20.000
30.000
40.000
50.000
60.000
70.000
80.000
90.000
100.000
110.000
120.000
130.000
140.000
150.000
160.000
170.000
180.000
190.000
200.000
210.000

a
e
b
g
c
d f

Doppelrohr-Intensiv-Verdampfer

1.) Ausnutzung der bloss inneren Rohrfläche

→ Sole Kältemittel
← Kältemittel

2.) Ausnutzung der inneren u. äusseren Rohrfläche

→ Kältemittel
← Sole

äussere Rohroberfl.   innere Rohroberfl.

Doppelrohrintensivverdampfer, Tauchverdampfer, Steilrohrverdampfer. — Ermittlung der erforderlichen Kühlfläche.

Gilt für Sole v. 21·1 Bé bei + 15° C

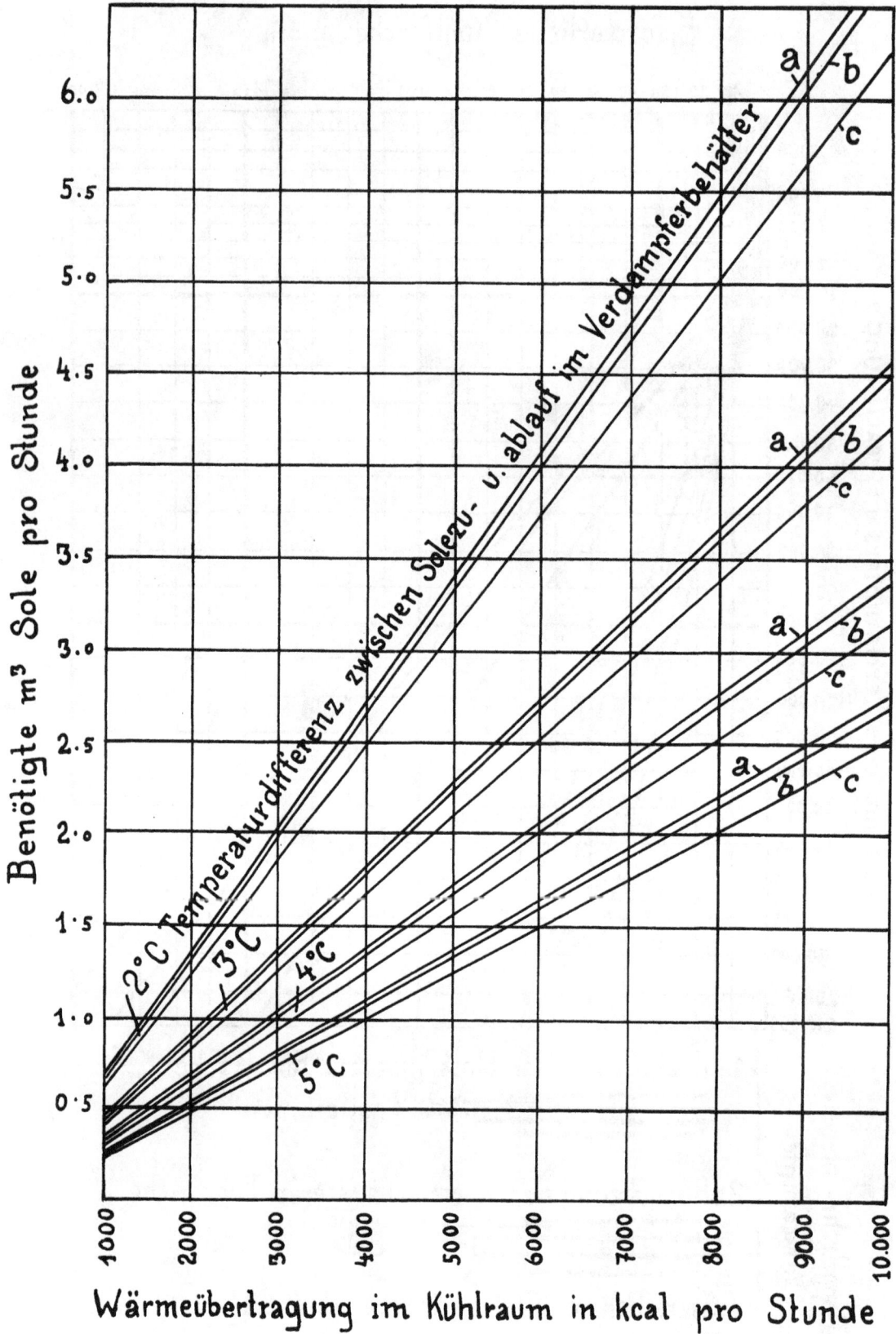

a = MgCl₂ oder Reinhardin, b = CaCl₂, c = NaCl.

Solemengen bei Solezirkulationskühlung.

Strömungsgeschwindigkeit in m pro Sekunde.

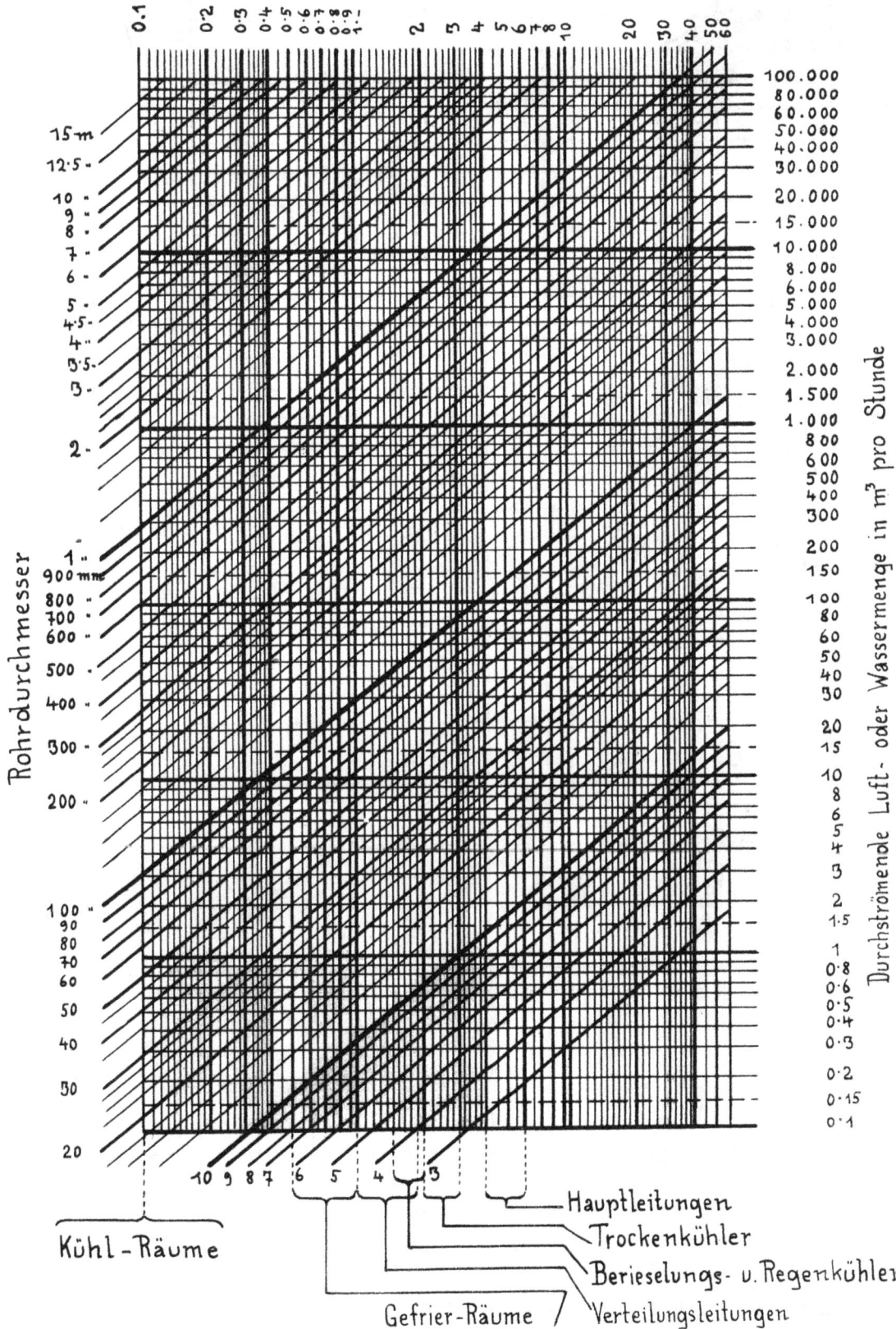

Durchgangsquerschnitte für Rohre (Luft, Wasser, Sole). Ermittlung derselben bei gegebenen Strömungsgeschwindigkeiten und Durchgangsmengen.

Erforderliche Wärmeaustauschfläche in m²

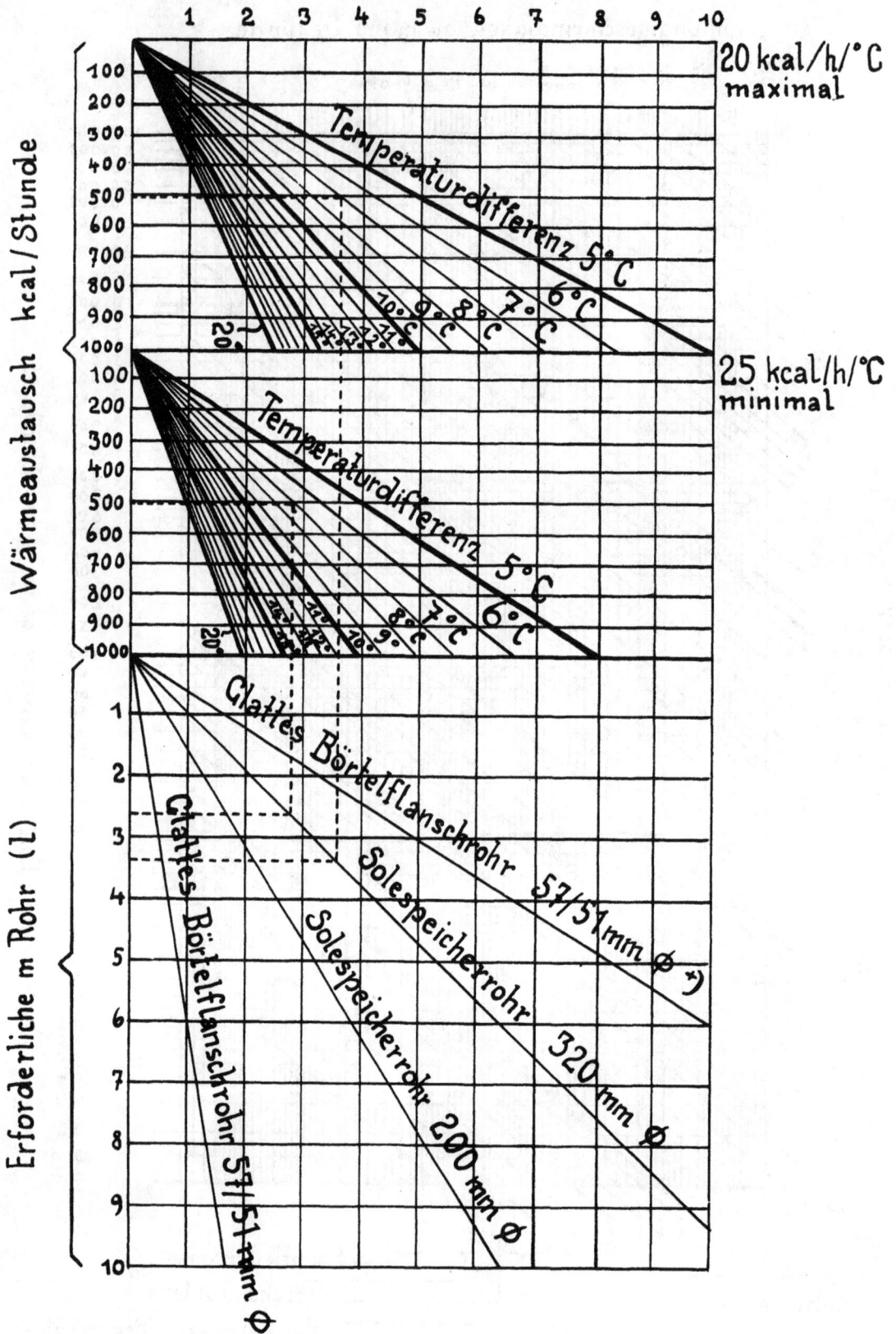

Glattes Börtelflanschrohr. Solespeicherrohr. — Kühlung von Räumen mittels zirkulierender Sole. Ermittlung der erforderlichen Berohrung der Räume.

Erforderliche Übertragungsfläche in m²

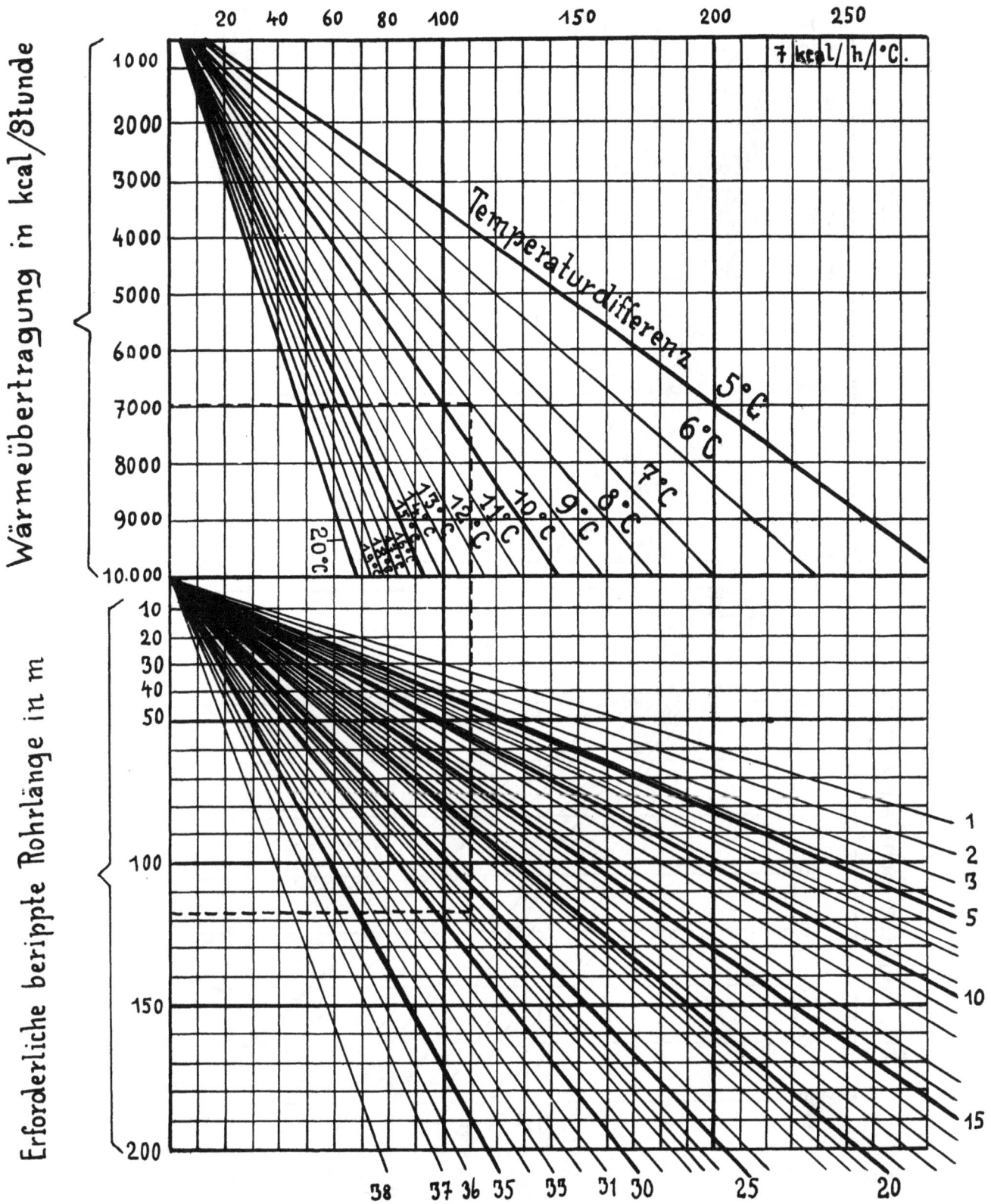

Wärmeübertragung in kcal/Stunde

Erforderliche berippte Rohrlänge in m

Temperaturdifferenz

7 kcal/h/°C.

Schmiedeeisernes Rippenrohr für Solezirkulation, direkte Verdampfung, Trockenluftkühler, Berieselungskühler. Ermittlung der erforderlichen berippten Länge.

Erforderliche Kühlfläche in m²

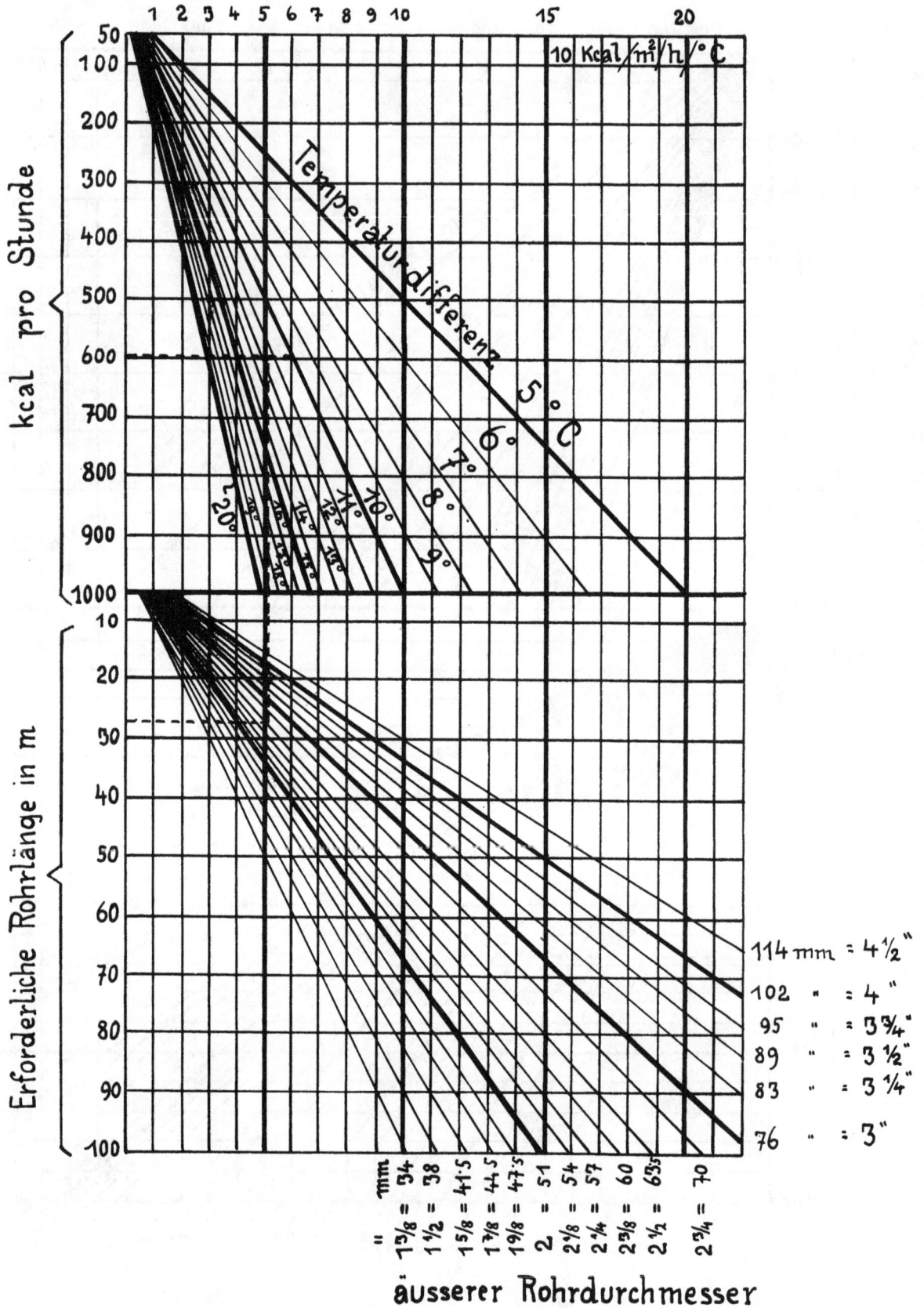

Glattes schmiedeeisernes Rohr für direkte Verdampfung, Trockenluftkühler und Berieselungskühler. — Ermittlung der erforderlichen Rohrlänge.

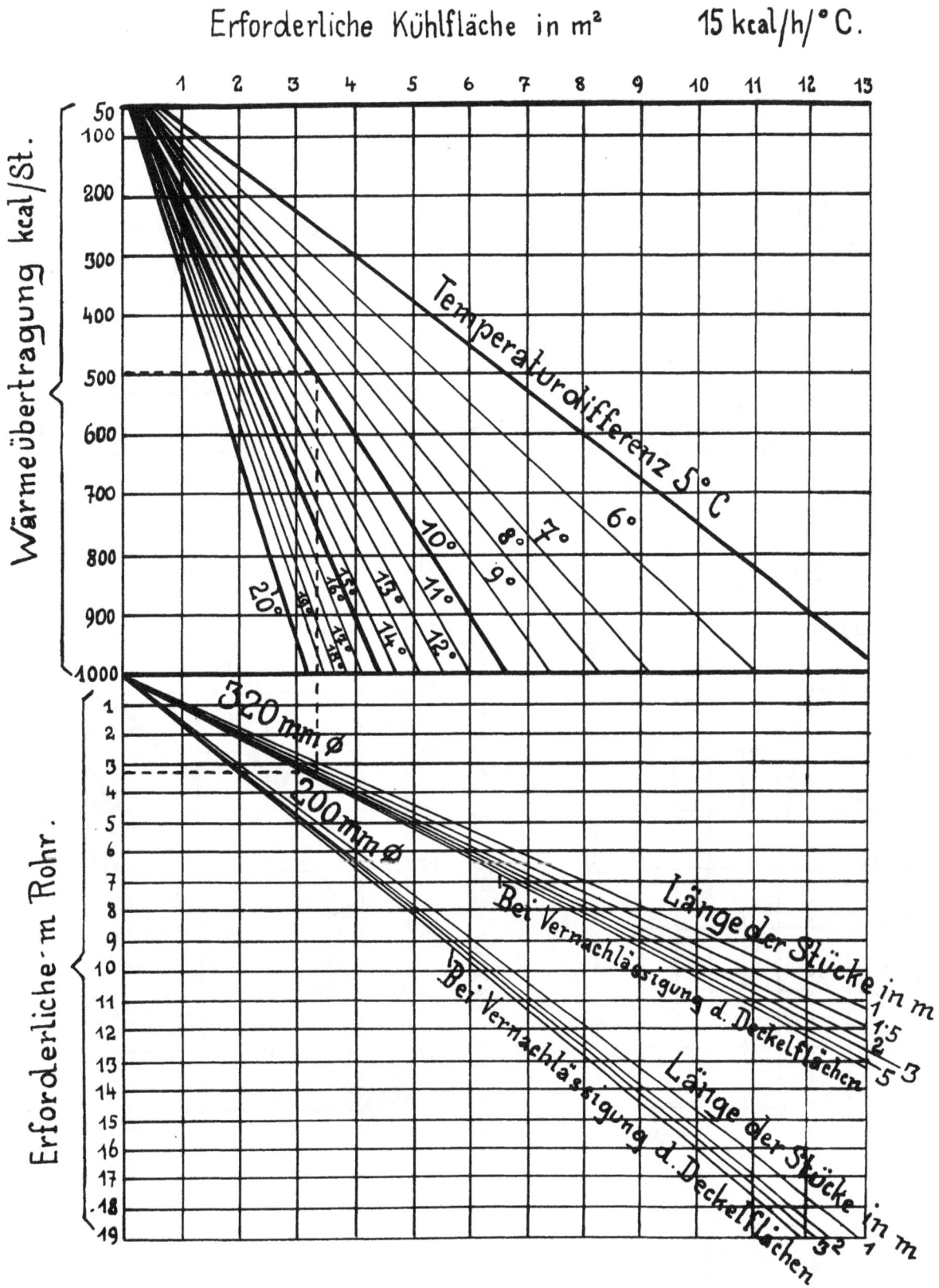

Tafel XXI.

Erforderliche Kühlfläche in m²   15 kcal/h/°C.

Solespeicherrohre mit inliegender Verdampferschlange. Kombinierte Kühlung. — Ermittlung der Berohrung der Kühlräume.

Lichte Weite der Hauptleitung in englisch Zoll

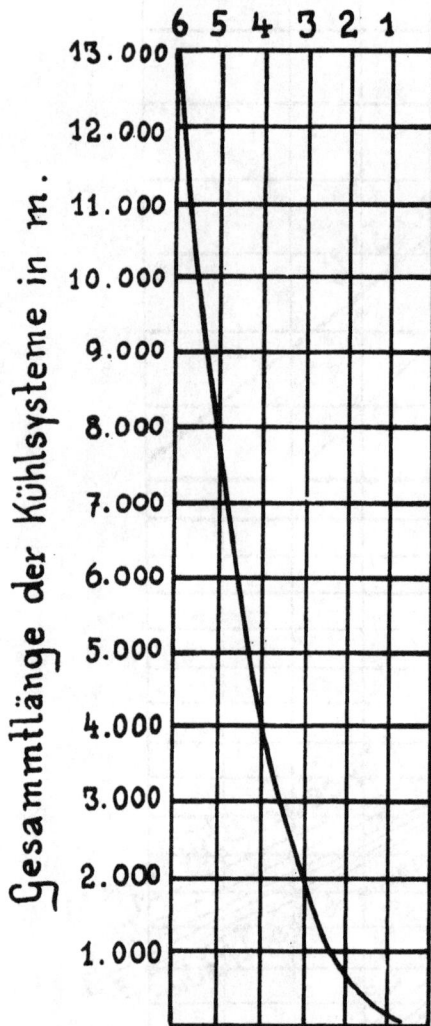

Luftgeschwindig- keit in m/Sekund.

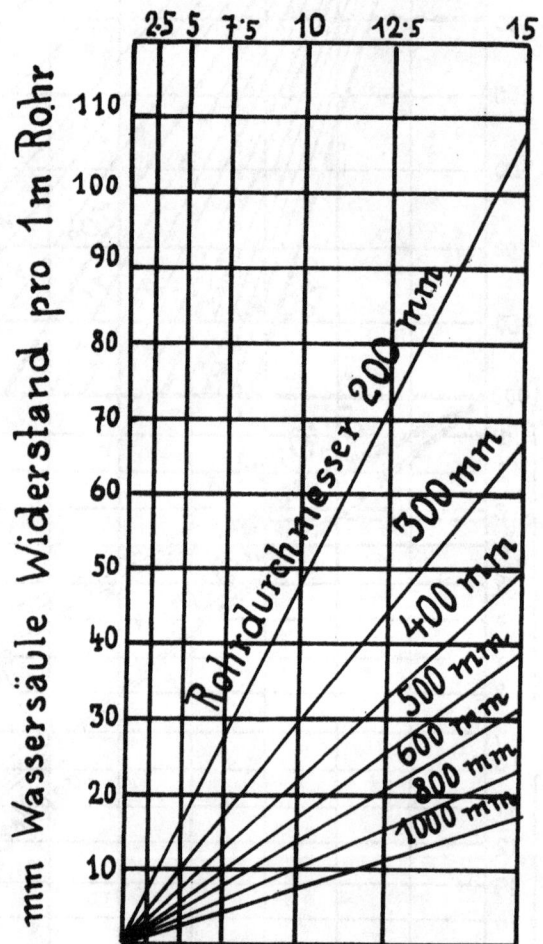

Tafel XXII. Soleleitungen. — Ermittlung der Rohrweiten für Berohrung nach Tafel XVI.

Tafel XXIII. Kühlung mittels Luftkühlapparaten. — Widerstand der durch Rohre strömenden Luft, zur Ermittlung der erforderlichen Ventilatorleistung.

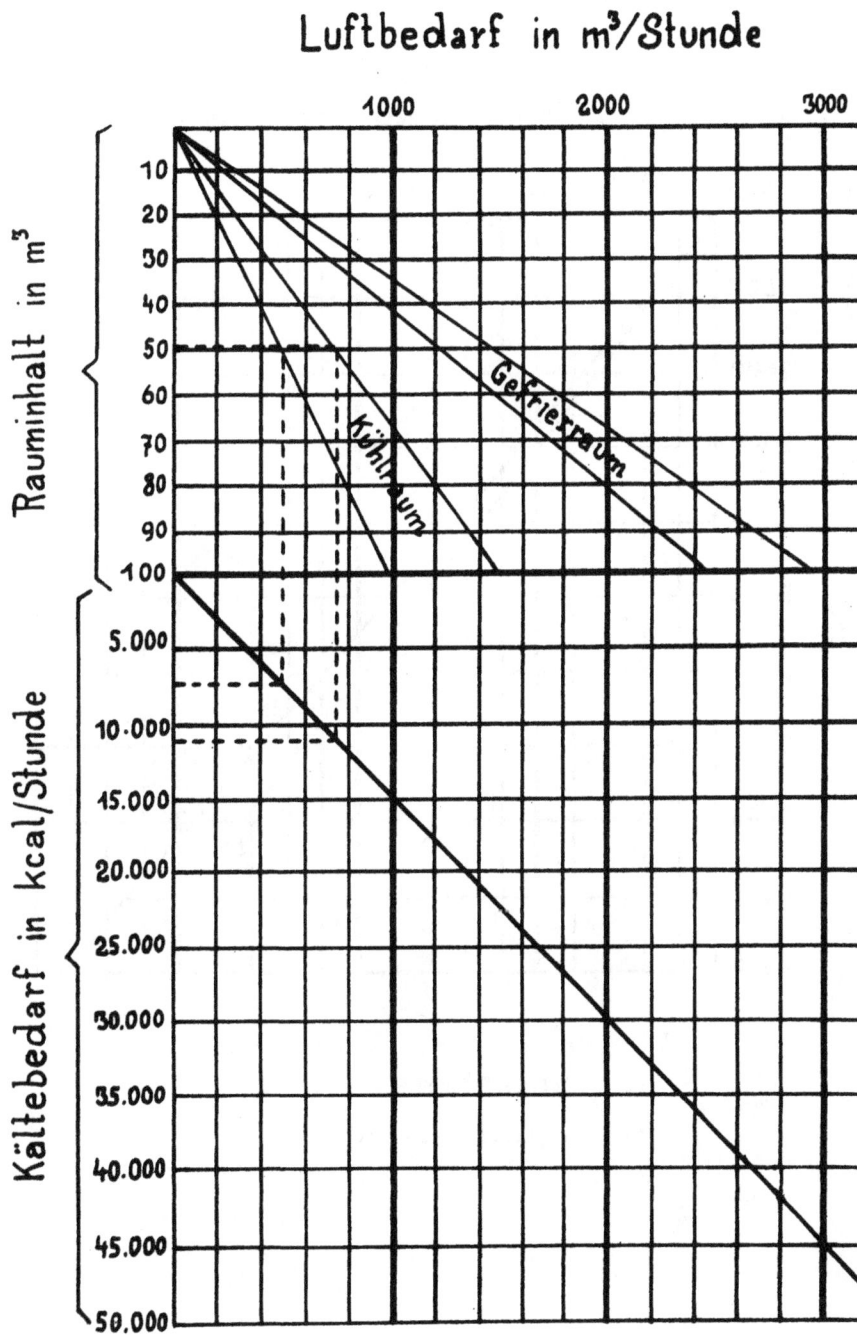

Luftbedarf in m³/Stunde

Kühlung mittels Luftkühlapparaten. — Kältebedarf und stündlicher Luftbedarf.

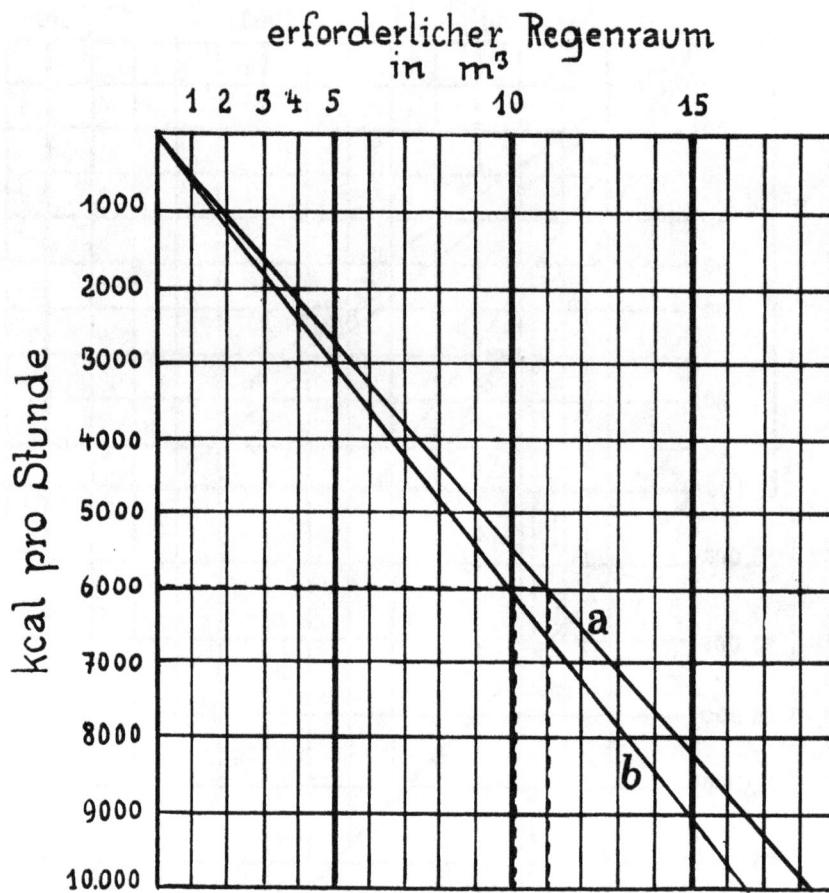

erforderlicher Regenraum in m³

kcal pro Stunde

a : höchstens
b : mindestens

Kühlung mittels Luftkühlapparaten. — Regenluftkühler, Ermittlung des Regenraumes.

www.ingramcontent.com/pod-product-compliance
Lightning Source LLC
Chambersburg PA
CBHW081427190326
41458CB00020B/6125